金句之书

李海峰 彭小六 夏聪◎主编

台海出版社

图书在版编目（CIP）数据

金句之书 / 李海峰，彭小六，夏聪主编 . -- 北京：台海出版社，2024.6（2024.6 重印）
　　ISBN 978-7-5168-3885-3

Ⅰ.①金… Ⅱ.①李…②彭…③夏… Ⅲ.①人生哲学—通俗读物 Ⅳ.① B821-49

中国国家版本馆 CIP 数据核字（2024）第 112195 号

金句之书

主　　编：李海峰　彭小六　夏　聪

出 版 人：薛　原
责任编辑：赵旭雯

出版发行：台海出版社
地　　址：北京市东城区景山东街 20 号　邮政编码：100009
电　　话：010-64041652（发行，邮购）
传　　真：010-84045799（总编室）
网　　址：www.taimeng.org.cn/thcbs/default.htm
E - m a i l：thcbs@126.com

经　　销：全国各地新华书店
印　　刷：三河市新毅彩色印刷有限公司
本书如有破损、缺页、装订错误，请与本社联系调换

开　　本：880 毫米 ×1230 毫米　　1/32
字　　数：134 千字　　　　　　　　印　张：7.75
版　　次：2024 年 6 月第 1 版　　　 印　次：2024 年 6 月第 2 次印刷
书　　号：ISBN 978-7-5168-3885-3

定　　价：69.80 元

版权所有　翻印必究

前言 PREFACE

有次，我演讲完被问道："请帮我推荐1本书吧。"我推荐完后，也会反问他："也请你帮我推荐1本书。"

我买了对方推荐的书看，也把自己推荐的书又看了一遍。

有次，我听到另外一位我尊敬的演讲嘉宾的回复。他反问："我推荐的书你真的会买吗？你真的会花时间看吗？"

他看出对方的迟疑，然后说："要不我给你推荐里面我喜欢的句子，如果你反复咀嚼觉得受益，你再去买。"

现在我有机会推荐书的时候，我会选择1-3个句子。**我会克制自己的表达，尽量直接引用原文。**

因为一句话爱上一本书，是种缘分。哪怕不求甚解，也可以衍生很多自己的理解。人遇到好书可以靠努力，好书遇到人有时候靠缘分。**缘分来的时候我们和书彼此珍惜。**

我邀请了有兴趣推荐自己读过的书里的金句的 200 多位朋友，一起成为金句推荐人，完成了这本书。

我不担心书的质量，因为所有的书都是正式出版物，并且样本量足够多，各花入各眼。

我们希望那些惊艳到我们的句子以及感动过我们的书，被更多的人知道。

有人说我们不是过一生，而只是过几个瞬间。**有的时候，我们不用记住整本书，记得几个句子就够。**

推荐人初步统计，里面有 31 位当当影响力作家，74 位拥有独著或者参与了合集的作者，86 位在运作自己读书会的社群创始人。

我们要求每位推荐人做了简单的介绍，并且放上了自己的二维码。**如果大家因为某本书的某个句子受到触动，也可以选择和某个有趣的灵魂相遇。**

你可以把这本书当成"答案之书"。当心里有些什么疑问的时候，想着那个问题，随便翻开一页，看看那页的内容，很可能就能给你很大启发。

你可以把这本书当成"训练之书"。翻到某页，用其中的句子做 5 分钟即兴演讲，说自己的理解。然后去翻原书做对比，快速提升表达和思考能力。

你可以把这本书当成"解闷之书"。无聊的时候，主动拿起书，而不是被动地刷短视频。没有看长文巨著的压力，你可以做到：开卷有益。

我也期待你解锁更多的玩法。

读书，世界就在眼前。不读，眼前就是世界。

李海峰

独立投资人

畅销书出品人

贵友联盟主理人

DISC+ 社群联合创始人

2024.5.20

免责声明：
　　本书放置推荐人二维码，目的是增加读者和推荐人互动的可能性，不代表对推荐人的背书。后续推荐人和读者因为互动导致的风险和损失，由各自承担。

> 被重视、被鼓励、被夸奖、被理解、被支持、被需要，
> 是你的刚需，也是别人的刚需。
>
> 我们不仅要不断"向上学"——向厉害的人学习，
> 还要不断"向下帮"——帮助需要我们的人。
>
> 高明的教练，会筛选能成的人，让他更成。

好书推荐：《一年顶十年》剽悍一只猫 / 著

推荐人：剽悍一只猫
现代隐士，个人品牌顾问，图书策划人，社群运营专家，生命成长智慧深度探索者，第六届当当影响力作家。

> 精进，就是保持正念，
> 持续地做一件事情并且不断提升它。
>
> 因为有专业，所以被信任；
> 因为够专业，所以被尊重。
>
> 情绪稳定是一种成熟的心态，是一种理性的态度。

好书推荐：《每一步都精进》卢山 / 著

推荐人：卢山
知名采购供应链专家，AI资深玩家，当当影响力作家。著有畅销书《每句话都值钱》《每一步都精进》。

> 改变态度很困难,不如从改变行动开始!
>
> 人类的驱动力只有两种,一种是爱,一种是恨。
>
> 文案一定要做到:强有力的话术 + 高转发传播因子 + 整合营销策略!

好书推荐:《高能文案》韩老白 / 著

推荐人:韩老白

文案培训师,爆款操盘手,女性个人品牌商业顾问。金手杯新媒体写作年度大赛稿费之王,连续四届当当影响力作家。

> 写好作文,要做好两件事情:
> 一是真切地感悟生活,二是清晰地思考与表达。
>
> 巧妙分类激发更多灵感。
>
> 我们要把身边的物品想象成有生命,而且是五感丰富的个体,然后再从它们的视角来写人,就特别有意思。

好书推荐:《五感作文》霍英杰 / 著

推荐人:霍英杰
资深思考力讲师,思维导图五感写作法开创者,《五感作文》作者,连续三届当当影响力作家。

"

在不确定的未来里,我们每个人都有无限的可能。

"难"是如此,面对悬崖峭壁,一百年也看不出一条缝来,
但用斧凿,能进一寸进一寸,得进一尺进一尺,
不断积累,飞跃必来,突破随之。

目标思维是一种思维方式,属于一种"元认知"。

"

好书推荐:《再出发》刘燕、吴本赋、五顿 / 主编

推荐人:琼姐
25 余年财控领域专家,高级会计师,注册
税务师,《再出发》联合作者。

> 连伟人的一生都充满了那么大的艰辛,
> 一个平凡人吃点苦算得了什么呢?
>
> 勇敢地面对我们不熟悉的世界,不要怕苦难!
> 如果能深刻理解苦难,苦难就会给人带来崇高感。
>
> 生活包含着更广阔的意义,而不在于我们实际得到了什么,
> 关键是我们的心灵是否充实。对于生活理想,
> 应该像宗教徒对待宗教一样充满虔诚与热情!

好书推荐:《平凡的世界》路遥 / 著

推荐人:王淇麓
原电视台主持人,10 年主持、培训经历,
宝妈轻创业导师。

- 006 -

> 如果爱没有增加，事情不会有任何的改变。
>
> 关注事情是为了控制，关注心情是为了爱。
>
> 这个世界上没有你想要的玫瑰园，
> 真正的玫瑰园是需要你亲手去栽种的。

好书推荐：《幸福，从接纳开始》林青贤 / 著

推荐人：郑卡飞
家庭教育高级指导师，国家二级心理咨询师，专业服务近 10 年，服务过 5000 多个家庭。

"
家庭教育是合格父母的必修课。

感谢那个多年前的自己,
靠着这份勤奋和自律,开启了一个小小的事业。

我要像传福音一样把营养学分享给更多有需要的人,
让他们远离疾病和痛苦。
"

好书推荐:《热爱的力量》李海峰、陈婉莹 / 主编

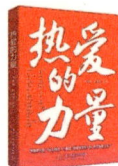

推荐人:启智汤宜蓁

"珠海启智托管"创始人,深耕教育教学行业三十多年,服务了 8000 余家庭。2003年至今打造了珠海本土托管教育品牌,最擅长让孩子养成学习、生活习惯。高级家庭教育指导师,学业规划师。

- 008 -

"

年轻人的干劲要和长者的智慧相结合。

从来没有什么"逆袭",有的只是顺势而为。

你的能量状态决定你的工作状态。

"

好书推荐:《设计工作》李海峰、王成 / 主编

推荐人:漫霖

《设计工作》与《突破式沟通》联合作者,个人成长教练,企业咨询师。

"

物质的背后是能量,能量的背后是情绪。
情绪的背后是念。你的意识影响了生命的真相,
你脑袋里的人生就是你经历的人生。

"我"不重要,"你"才重要。
当你学会把别人放在比自己还重要的位置,
你的文字就开始真正走心了。

让自己像个礼物一样出现在别人的世界,
让你的文案像个礼物一样出现在别人的世界,
要么帮人解决问题,要么给人能量。

"

好书推荐:《引爆》彭芳 / 著

推荐人:Venus
维纳斯瑜伽创始人,11 年资深孕产瑜伽导师,中山女性成长俱乐部主理人,《友者生存 3》联合作者。

"

自由就是被别人讨厌。

不能进行"课题分离",
一味拘泥于认可欲求的人也是极其以自我为中心的人!

我们只能活在"此时此刻",
我们的人生只存在于刹那之中!

"

好书推荐:《被讨厌的勇气》[日]岸见一郎、古贺史健/著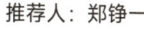

推荐人:郑铮一

连续创业者,16年培训咨询行业老兵,轻创业商业教练(拿商业结果的BP),美育空间主理人及运营者,女性创业者社群操盘手,IP深度陪跑(尤其是创始人IP和知识IP),萨提亚心理咨询顾问,国家二级心理咨询师。

"

启蒙阅读对于促进孩子的全面发展至关重要，
能让孩子的智力和能力有质的飞跃，进而使其受益一生。

脚步丈量不了的世界，让目光和思想先抵达，
体验到更宽广的世界后，孩子会更谦卑，格局会更高。

阅读不仅是一种获取知识的方式，更是一种培养思维，
提高素养的途径。

"

好书推荐：《让孩子爱上阅读》陈千寻 / 著

推荐人：清韵
养育星球联合创始人、中国首批阅读养育顾问师、新社交旅行合伙人，全国举办亲子故事会近百场，影响了数万家庭。

做"对"比做"第一"更重要。

你的工作是要做出最像该品类产品的产品,
以及最像该品类品牌的品牌。

营销战的终极目的在于良性竞争,共同繁荣品类,实现双赢;
了解消费者心智中品类需求的变化,与其达成共识
并满足他,使双方都能获取长久收益。

好书推荐:《品类十三律》唐十三、谭大千、郝启东 / 著

推荐人:梅老板 Dave
耶鲁研究生院区块链协会首席讲师,区块链投资教练,公号"比特梅老板"创始人,元宇宙大学"链谷 Chain Valley"校长,芝加哥大学硕士,MBA。

"

如果孩子有喜欢反复读的书,
正是他们享受阅读以及读懂了的表现,千万别阻止,
别以为反复读同一本书是浪费时间。

阅读这项脑力活动,
只有真正能在大脑里卷起风暴的时候,才有乐趣。

自发地开启阅读理解的实时监控
是一项至关重要的阅读方法,
也是孩子能否成为一个深入阅读者的标志。

"

好书推荐:《让孩子成为阅读高手》陈晶晶 / 著

推荐人:深蓝
养育星球联合创始人,中国思辨情商开创者,亲子情商训练师导师。

"

无论一个习惯性言行看起来多么不好，
都不要恨它，因为它最初保护过你。

一旦出现自欺，头脑和身体就会陷入分裂状态，
头脑朝这一边走，而身体则走向另外一边，
一些身体疾病随之出现。

要想改变一个人的一生，
关键不是去做积极的暗示，而是重塑自我意象。

"

好书推荐：《身体知道答案》武志红 / 著

推荐人：丸子·豆苗妈
国家心理咨询师，曾任 A 股上市集团总部高级培训主管，育有暖心兄妹。随意画，画解情绪，画出健康。

"

我们能为孩子做的最有益的事情,
就是教孩子学会自我评价,
而不是让他们依赖于别人的赞扬或观点。

如果父母花时间训练孩子的生活技能,
并允许他们通过实践这些技能来培养责任感和自信心,
孩子就会掌握有价值的人生技能。

记住,孩子们在感觉更好时,才会做得更好,
没有什么事情比无条件的爱让孩子感觉更好的了。

"

好书推荐:《正面管教》[美]简·尼尔森 / 著

推荐人:陈雅静

愿航教育创始人,胡润百学榜首包玉刚前教员,10年教育者,双胞胎母亲。

"

知识工作者的工作动力,取决于他是否有有效性,
及他在工作中是否能有所成就。

身处组织之中就意味着,只有自己的贡献被他人使用,
一个人的工作才是有效的。

追求贡献就是负责任地追求有效性。

"

好书推荐:《卓有成效的管理者》[美] 彼得·德鲁克/著

推荐人:赵莉

国家高级职业指导师,企业系统排列师,心理咨询师,科学睡眠教练。全国 50 所"毕业生就业典型经验"高校 20 余年工作经历。

"

要想从既有的习惯中跳出来,
最好的方法不是依靠自制力,而是依靠知识。

行动力不足的真正原因是选择模糊。

好的成长是始终游走在"舒适区边缘"。

"

好书推荐:《认知觉醒》周岭 / 著

推荐人:Bruce 平钧
世界 500 强职业经理人,论语爱好者,畅销书《友者生存 4》联合作者。

"

真正治愈疾病的是我们体内的自然之力。

以食为药,以药为食。

重要的不是你现在有多优秀,
而是你将来会有多优秀。

"

好书推荐:《吃出自愈力》[美]威廉·李/著

推荐人:雪莉随心
创业投资近30年,喜爱艺术&健康美味的品牌轻商业盈利顾问,企业数智化盈利顾问,"嘉嘉星球"创始人,"悦读时光"读书会创始人。

"

相信你的 Mr.Right 一定会来,
更要相信自己的福祉和运气——无论 Mr.Right 早来晚来,
你是因自身快乐和饱满的,他并不是来拯救你,
因为你不需要拯救。

不要找好男人,而是找到一个对自己而言足够好的男人。

你是谁,便会遇见谁,
你选择与之相爱的伴侣是你在这个世界的映射。
你本身是不是一位 Miss Right？
你是你自己喜欢的那一款吗？
如果不是,你需要先调试自己到最佳状态。

"

好书推荐:《Mr.Right 说明书》[美] J.M. 科恩斯 / 著

推荐人：陈柯如

深耕两性教育 23 年、博瑞私密医疗联合创始人，IP（曲曲）线下变现操盘手，俞博士从 0 到 1 操盘手、合伙人，天美圣合从 0 到 1 操盘手、合伙人。

"

幸福的秘密就在于，既要看到世上的奇珍异宝，
又要永远不忘记勺里的那两点油。

当你想要某种东西时，整个宇宙会合力助你实现愿望。

倾听你的心声。心了解所有事物，
因为心来自世界之魂，并且总有一天会返回那里。

"

好书推荐：《牧羊少年奇幻之旅》[巴西] 保罗·柯艾略/著

推荐人：佳佳

心理咨询师，青少年成长陪跑教练，阅读爱好者。

只要经理和员工都能主动地散播积极情感，
即使一点一滴，也会产生立竿见影的效果。

约翰·戈特曼（John Gottman）发现，
如果一对夫妻之间的交往接近5∶1的积极与消极的比例，
他们的婚姻成功率就大大提高。

面对困境，了解我们有什么优势不仅能帮助我们生存，
而且能帮助我们茁壮成长。

好书推荐：《你的水桶有多满》[美]汤姆·拉思等 / 著

推荐人：梦希

组织与人才发展教练，盖洛普优势教练，10余年职场经验，宝妈，践行"生命之美在于无限可能"。

"

关注效果而非道理，
幼稚的人执着对错，成熟的人看结果。

未被表达的情绪永远都不会消失，它们只是被活埋了，
有朝一日会以更丑恶的方式爆发出来。

情绪是信念的投影，
也就是说情绪的背后是限制性信念在作祟。

"

好书推荐：《突破式沟通》李海峰、李珂、徐珂 / 主编

推荐人：俞彩文
国家公共营养师，身体语言梳理师，本体潜能指导师。

> 孩子是要别人教的，毛病是要别人医的。
>
> 人必须要有耐心，特别是要有信心。
>
> 竹外桃花三两枝，春江水暖鸭先知。

好书推荐：《句子迷》康永红 / 编著

推荐人：胖熊老师
福建省泉州市资深升学规划师，家庭教育指导师，女性教育轻创业导师。

> 当你不在乎面子，一切都忽然变得轻松了。
>
> 父母对孩子的担心是源于不能接受自己、不够爱自己；所以，你怎样限制你自己，你也会怎样限制你的孩子。
>
> 宽恕彻底，幸福就来到。

好书推荐：《生命喜悦的祈祷》沈妙瑜 / 著

推荐人：LXRong
爱学习、爱读书、爱生活，自由职业者。

"

我们应该时刻铭记在心：
超过一定的临界点时，改善基础因素，如钱、地位、薪水、
安全保障、工作条件、公司政策等都只是幸福的副产品，
而不是产生幸福的原因。

生活中的每一个有关如何分配精力和金钱的决定，
都表明了你真正在乎的是什么。
你可以尽情地谈论自己的生活，
谈论有什么清晰的目标和战略，但是如果你投入的资源
和你的战略方向不一致，这些谈论都毫无意义。

通向幸福婚姻的道路是
找到你想让她幸福的那个人，她的幸福值得你付出！

"

好书推荐：《你要如何衡量你的人生》[美] 克莱顿·克里斯坦森 等 / 著

推荐人：石建业

人生管理咨询师，20 年人生管理领域研究实践者，中国首个人生管理品牌"漫步人生"创始人，全方位人生管理体系创立者，公众号"人生管理"主理人。

"

打造个人 IP，提升影响力，
普通人将迎来成就自己的最好时代。

投资脑子、升级圈子，是财富提升的绝佳路径。

你没用时，认识谁都没用。

"

好书推荐：《引爆 IP 红利》水青衣、焱公子 / 著

推荐人：水青衣
广西作协会员。全国语文教学大赛一等奖。
40 万粉丝的大语文教育博主，当当影响力
作家。

"

瘦身的过程是一个觉察自己的过程,
是一个和自己对话的过程,是一个学着好好爱自己的过程。

当我们需要爱,需要拥抱,需要缓解痛苦时,
吃能满足我们。

很多时候我们变胖是因为心里想要达成别的目标,
结果选错了方式。

"

好书推荐:《身心减负》李海峰、徐珂、李珈 / 主编

推荐人:徐珂

系统动力派 NLP 执行师认证导师,"42 天珂轻松减重训练营"版权课研发人,当当影响力作家。

> 人过中年，就应该基本戒除功利心、贪心、野心，给善心、闲心、平常心让出地盘了，它们都源自一种看破红尘名利、回归生命本质的觉悟。
>
> 如果有上帝，他看到的只是你如何做人，不会问你做成了什么事，在他眼中，你在人世间做成的任何事都太渺小了。
>
> 一个人只要认真思考过死亡，不管是否获得使自己满意的结果，他都好像是把人生的边界勘察了一番，看到了人生的全景和限度。

好书推荐：《哲思人生》周国平 / 著

推荐人：程婷玉
心理咨询师，洛基教育 KISSABC 分公司代理。

> 笑声让两个人之间的距离最短。
>
> 如果你能在分歧里承担起自己的责任，
> 对方也会更容易承担起他的责任。
>
> 当人们感受到情感上的满足时，他们会觉得得到了充分的倾听、理解、接纳，而不是受到评判。

好书推荐：《深度关系》[美] 大卫·布拉德福德等 / 著

推荐人：马丹

在职干部，正念幸福教练。

"

要想保持生命的跃动,
我们必须学习如何有节奏地消耗和更新精力。

我们越是忙碌,越会高看自己,
认为自己对他人来说不可或缺。
我们无法陪伴亲人朋友,不知疲倦,没日没夜,
只管四处救火,不给自己留下喘息的时间。
这就是现代社会的成功典型。

知晓生命的意义,方能忍耐一切。

"

好书推荐:《精力管理》[美]吉姆·洛尔、托尼·施瓦茨/著

推荐人:山海教练

精力管理教练、心理教练,易明认证专家型导师(师从田俊国老师),上海交大工商管理硕士,畅销书《爆发》《友者生存4》联合作者。

"

我给你的爱好远好远,
可以从山的这一头……到山的那一头。

我是这样地爱着你,我想大声地告诉你,
因为爱你,我才如此骄傲和自豪。

我的爱围绕在你身边,
紧紧地抱着你,无论你做对了还是做错了。

"

好书推荐:《我是这样地爱着你》[英]霍斯/著

推荐人:何群群
花开忘忧连锁品牌创始人,心理行业低成本创业发起人,沙盘技术、催眠技术、心理咨询技术落地读书会组织人。

"

如果我们想要孩子活出自我,
我们必须以自己真实的方式来培养他们。

与生俱来的思维,只有在经历了反思、内视
并建立起思想和内心的交流及理想与现实的桥梁,
我们才成为一个独特的具有灵魂的个体。
这就是如何建立自我的重要步骤。

我们希望孩子们更能承受挫折,更自立,更有精神独立性,
对世界充满好奇,更有创造力,更愿意去冒险,
更愿意去犯错误。

"

好书推荐:《优秀的绵羊》[美] 吉廉·德雷谢维奇 / 著

推荐人:和煦
高级家庭教育指导师,正念幸福教练,戴安母语式家长课堂主理人。

"

非暴力沟通帮助我们既清晰表达自己，又同样关心他人，
从而实现我们的情绪自由并与他人建立联结。

非暴力沟通的意图不是为了改变他人来满足自己，
而是帮助双方建立坦诚和有同理心的关系，
最终每个人的需要都能得到满足。

非暴力沟通最关键的应用或许就是
让我们学会善待自己。

"

好书推荐：《非暴力沟通》[美] 马歇尔·卢森堡 / 著

推荐人：李玲

非暴力沟通极致践行者，国家二级心理咨询师，K12 英语学习规划师，畅销书《友者生存 2》联合作者。

> X 因素是能让你超越平庸的东西。
>
> 如果你不出手做一下,
> 你就无法知道那是不是真正的机会。
>
> 你真正应该选择的其实是变成什么样的人,
> 而不是单纯的爱好和赚钱。

好书推荐:《佛畏系统》万维钢 / 著

推荐人:黎文
中医养生顾问。

"

将个人意志与我们身边的自然力量结合，
会得到出人意料的强大结果。

灵魂是有感情、思想、希望、恐惧和梦想的人。
我不应该把他关起来，不停要求他闭嘴。

在生命旅程中我一再看到的一件事就是，
正确的人总会在正确的时间出现。
我的确指望着这种完美，
而神奇的是它也的确一再发生。

"

好书推荐：《臣服实验》[美] 迈克·A. 辛格 / 著

推荐人：金滢
同频新商学创始人，福布斯女性创业家，
胡润 U30 创业领袖。

> 如果我们想要财富，想要名望，
> 那就修炼成与财富名望相匹配的心态、思想、品德和能力。
> 没有什么东西能够真正保佑我们，
> 除了我们自己的所想所为。平安，源于内心。
>
> 幽闭了一千年的黑暗山谷，
> 只要有灯光照进来，就一下子除掉了千年的黑暗。
> 所以，不论犯了什么过错，还是多久以前的事，
> 只要下决心改正错误，就是难能可贵的。
>
> 我们做善事，能利于别人的就是出于公心，
> 出于公心就是真诚。如果只想得到自己的利益，就是私，
> 出于私心就会伪善。

好书推荐：《了凡四训》[明] 袁了凡 / 著

推荐人：李菁

畅销书作家，女性个人品牌商业顾问，生命智慧传播者。

> 持而盈之，不如其已；揣而锐之，不可长保。
> 金玉满堂，莫之能守。富贵而骄，自遗其咎。
> 功成，名遂，身退，天之道。
>
> 曲则全，枉则直；洼则盈，敝则新；
> 少则得，多则惑。
>
> 人之生也柔弱，其死也坚强。万物草木之柔脆，其死也枯槁。
> 故坚强者死之徒，柔弱者生之徒。
> 是以兵强则灭，木强则折。强大处下，柔弱处上。

好书推荐：《道德经》张景、张松辉 / 译注

推荐人：吉善

海归哲学硕士，19 年中外交流，13 年生命智慧实践，不善疗愈的妈妈不是好的亲子教练。

> 记笔记，是为了增援未来的自己。
>
> 记笔记不是收集，而是对信息进行"预处理"。
>
> 同时保有两种截然相反的观念还能正常行事，是第一流智慧的标志。

好书推荐：《笔记的方法》刘少楠、刘白光 / 著

推荐人：方宁
一个走在探索自己道路上的理想实践者。

> 害怕前进只能停留在原地。
>
> 不要成为情绪的奴隶。
>
> 用目标激励行动。

好书推荐：《哈佛凌晨四点半》邢群麟 / 编著

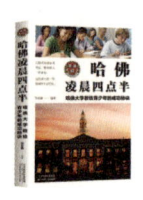

推荐人：赵老师
教育博主。

时间记录帮助我们从更长周期、更多维度认清自己，
而不仅仅基于现在这一时刻的情绪波动
来评判自己的各方面能力。

数据反映行为，行为改变数据。

我们需要重复休息的原则：感到疲劳时就休息。

好书推荐：《时间记录》剑飞 / 著

推荐人：Joy
个人成长教练，习惯教练，生命教练，畅销书《重塑人生》《时间合伙人》联合作者，"微共读"读书会发起人。

> 一个人不想攀高就不怕下跌，也不用倾轧排挤，
> 可以保其天真，成其自然，潜心一志完成自己能做的事。
>
> 保持知足常乐的心态才是淬炼心智、净化心灵的最佳途径。
>
> 爱情是不由自主的，得来容易就看得容易，
> 没得到或者得不到的，才觉得稀罕珍贵。

好书推荐：《杨绛传》吴玲 / 著

推荐人：周慧

旗袍非遗传承师，家庭教育高级指导师，
升学规划师，心理咨询师。

"

理智的家长是在规划孩子的未来,
而糊涂的家长是在算计孩子的分数。

比努力更重要的,是选对了专业方向。

从本质来讲,高考志愿填报是家长和考生之间
背靠背的一场群体博弈。谁掌握的有价值的信息越多,
谁取得最后的胜利的可能性就越大。

"

好书推荐:《5步轻松搞定高考志愿》冯全双 / 著

推荐人:冯全双

《5步轻松搞定高考志愿》作者,高考志愿方案设计规划师。

> 亲子关系，决定了我们与世界的关系，
> 一个人和父母的关系就是他和整个世界的投射。
>
> 孩子得不到爱的能量和祝福，
> 到最后，他就会选择过痛苦或者平庸的生活。
>
> 叛逆的背后是什么？
> 很多人不知道孩子为什么叛逆，
> 其实叛逆背后的心理动机是——无助，
> 无助是核心。

好书推荐：《陪孩子终身成长》樊登 / 著

推荐人：韵
一个在不断追寻优质亲子教育的妈妈与教育工作者，正念幸福教练。

"

不是我们没有遇到真爱，而是我们没有遇到自己。

在家庭当中最大的忠诚，
就是每个人诚实、勇敢地忠诚于那个并不完美的自己。

做自己内心恐惧优雅的聆听者。

"

好书推荐：《焦虑的大人和不被看见的孩子》柏燕谊/著

推荐人：宫晓

畅销书《重塑人生》联合作者，个人成长教练，半米成长主理人，正念阅读营创始人。

"

任何一个品牌都应当清晰地向顾客回答三个问题：
"你是什么""有何不同""何以见得"。

判断一个品牌是否主导了某个定位，
需要同时考察心智份额和市场份额的领先程度。

随着定位理论的发展，人们逐渐发现"有效的信息"
应当作为经营的出发点，然后再去构建事实，
让事实和"有效信息"实现一致。

"

好书推荐：《升级定位》冯卫东 / 著

推荐人：陈牧心
独立投资人，牧心丹品主理人，品牌顾问，
畅销书《友者生存1》联合作者。

"

只要一个人开始提问，他的智慧就开始觉醒了。

幸福就在于生命的单纯和精神的优秀。
生命的单纯让你享受人生那些平凡的幸福，
比如爱情、亲情和友情。精神的优秀让你享受到
人生那些高层次的幸福，比如阅读、创造和事业。

对人生困惑是灵魂觉醒的征兆。

"

好书推荐：《人生答案之书》周国平 / 著

推荐人：潘璆
可能女人研究所创始人，6P 精力管理模型开创者，女性自我成长教练，多本畅销书合著者，解放读书馆创始人。

> 融洽关系，不容易，需要智慧，
> 更需要以终为始地想清楚自己到底要什么。
>
> 我们不能决定事情按我们想要的方向走，
> 但是，我们可以选择在事情发生后，
> 我们用什么情绪和态度去面对。
>
> 经常，从用户反馈中找到的特点，是被自己忽视的。

好书推荐：《活出自己》彭洁、谢菁 / 主编

推荐人：谢菁

国际认证教练，编著有《活出自己》《把生活过得有仪式感》等书，第九届当当影响力作家。

过去我们是谁，不重要；
重要的是，未来我们可以成为谁。

社群运营的本质就是不断为成员解决问题，提供价值。

了解不同性格特质的行为风格，
有助于判断产后妈妈或者配偶在特定场景下
属于哪一种风格，有助于双方顺利沟通。

好书推荐：《破局》陈韵棋 / 主编

推荐人：黎燕琴

卫健委及妇联邀请的育儿讲师，编著有《破局》《跳跃成长》等书，第九届当当影响力作家。

"

领导有疑虑还是出于对你的不了解和信任的缺失。

你无法在制造出问题的同一个思维层次上解决这个问题。

只有坚守本心,清晰地认识到自己的斤两,
才不会被夸赞声左右,不被外界所干扰。

"

好书推荐:《HR教你做团队沟通》安吉小丽娜 / 著

推荐人:安吉小丽娜

15年人力资源管理经验,团队绩效提升专家,著有《HR教你做团队沟通》《逆风飞翔》等书。当当影响力作家。

"

养育孩子是一个会让人变得非常谦卑的过程，
我们需要的是放下自己的执念，
鼓励和接纳孩子的表达，让他们赢。

我们教育孩子不是为了让他适应社会，
是为了创造，让这个世界变得更好。

圆满的人生都是有着无限性的人生，而无限性的开端
就是看到所有的"远方"都和自己有关。

"

好书推荐：《力量从哪里来》李一诺 / 著

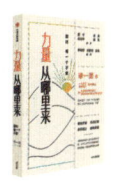

推荐人：昝翠

原力文化品牌创始人，原力读书会创始人，
天薇美业平台深圳及西安分院负责人。

"

挑战一般的病有啥意思，要挑战，就挑战个大的！

你只需要判断这件事该不该做、值不值得做，
如果答案是肯定的，那么去做就行了，哪怕看似不可能。

所以，相信相信的力量。不是有希望才去努力，
而是因为努力，才看到了希望。

"

好书推荐：《相信》蔡磊 / 著

推荐人： 炜哥

张伟，连续创业 30 年，央视《赢在中国》108 强选手，当当畅销书《无限进步》联合作者。

"

当你拥有稀缺的能力时，你会得到更多发光发热的机会，可谓"一步领先，步步领先"。

优秀的人之所以优秀，
是因为他们能每天应付枯燥乏味的重复事物，
一遍又一遍地做同样的动作。

你读过的每一本书、学会的每一个技能、
积累的每一点进步，在需要的时候都能被组合成
解决问题的必备条件。

"

好书推荐：《单干》陈欢 / 著

推荐人：乔慧萍
30 年企业 HR 从业者，人力资源管理师，慧知行读书会创始人。

> 要想掌握某件事，我们必须首先选择一些关键点，
> 隔段时间就重复一下，让自己完全沉浸其中，
> 并不断提高自己的知识和技能。关键在于间隔性重复。
>
> 所有有所成就的人都有一种独特的能力，
> 他们能够像激光一样将自己的能量集中于一点，
> 并在整个实现目标的过程中始终保持焦点的集中。
>
> 将精力集中到少数几件事上，
> 然后不断地一次又一次地重复。专注、专注。

好书推荐：《知道做到》[美] 肯·布兰佳等 / 著

推荐人：徐钦冲

《友者生存1》联合作者，新商业女性平台"她品界"创始人，法国酒庄联盟 FVD 副主席兼亚太区 CEO。

"

再出发，并非一帆风顺。

日野原重明在《活好2》中提道："人类的身体就像瓷器一般脆弱，会出现裂纹，甚至会碎裂。"

正如杰克·韦尔奇所言："在你成为管理者之前，成功的标准是如何让自己成长。"

"

好书推荐：《再出发》刘燕、吴本赋、五顿 / 主编

推荐人：徐绮键
业财融合管理咨询专家，精益管理咨询专家，《再出发》联合作者。

> 在确认了方向和路径后，还必须要有定力，
> 战略定力是一个人成大器必备的品质。
>
> 世界上貌似不关联的东西都是关联的，
> 关键是你有没有能力发现其内在的相关性，并且打通它。
>
> 能以归零心态应对世事沉浮，保持学习的热情与动力，
> 不仅是对过去荣耀、挫折的一种舍弃，
> 也是对自己人生经历的一种扬弃。

好书推荐：《王志纲论战略》王志纲 / 著

推荐人：张志强
世界三大数学新猜想提出者，清华大学访问学者，山西大同大学副教授。

"

人生苦乐成败,大约脱不了"关系"二字。

把这些"不愿意"一个个找出来,修炼成"愿意",
实为人生一大乐事。

从今以后,遇到每一件事、每一个人,
我们所需要做的只有搞定自己。
做好了这件事,就没别的事了。

"

好书推荐:《人生只有一件事》金惟纯 / 著

推荐人:乔帮主
创造者商学主理人,15 年品牌创意内容营销公司创始人,创造者 IPAIX 商业联盟发起人。

> 恰恰是实现梦想的可能性，才使生活变得有趣。
>
> "什么是世上最大的谎言？"男孩吃惊地问道。
> "在人生的某个时候，我们失去了对自己生活的掌控，命运主宰了我们的人生。这就是世上最大的谎言。"
>
> 完成自己的天命是人类无可推辞的义务。
> 万物皆为一物。当你想要某种东西时，
> 整个宇宙会合力助你实现愿望。

好书推荐：《牧羊少年奇幻之旅》[巴西] 保罗·柯艾略/著

推荐人：贾若

高级商业咨询顾问，春藤教育创业联盟负责人，一堂城市学习中心主理人。

> 让孩子活在爸爸妈妈的价值观里，本质上是父母的自私。最好的父母是"放下我执"的，是"无我"的。
>
> 爱、接纳和陪伴能给孩子带来内在的能量，这些能量会让孩子的内心有力量，遇到问题敢于突破，遇到挫折能够有勇气去面对。但关于孩子的"成绩提升"和"升学"，实际上是一个系统工程，如果只有能量，没有能力和规划方面的投入，就容易陷入困境。
>
> 放下对未知结果的焦虑，把注意力放在当下的行动上，多给孩子积极正向的反馈，让孩子体验学习的快乐。

好书推荐：《设计未来》李海峰、王姐 / 主编

推荐人：刘艳艳
一级造价师 、一级建造师、升学规划师，在工程造价咨询领域拥有丰富经验。

"

我们无法改变天气,但是我们可以改变心情。

《一念之转》中可以帮助我们转念的四个问句分别是:
这是真的吗?

你能保证它一定是真的吗?

当你相信这个念头时,你是如何反应的?你的生活中发生了什么?

没有那个念头时,你会是谁?

生活中的一切都可以套用这四个问句,
这是一个跟我们的思维博弈的过程。

"

好书推荐:《情绪掌控力》陈思 / 著

推荐人:小李子

小李子爱读书组织者,家庭教育指导师(高级),中国科学院心理研究所心理咨询师基础培训成绩合格。

客户不是被销售说服才买单的,
客户其实是通过你的提问,引发他自己的思考,
自己说服自己后才买单的。

找到自己独一无二的优势,让自己的优势和能力能被看到,
成功占领客户的心智,让客户在这个领域有需求时
第一个就能想到你,就是一个成功的定位。

每个人都是一座宝藏,而打造品牌能让宝藏发光。

好书推荐:《打爆》孔蓓、查克 / 著

推荐人:赵靓
天赋定制创始人,国际人类图 BG5 商学院商业顾问认证导师。

> 灵魂是个嫉妒的情人，
> 它拒绝投入妥协的怀抱。
>
> 离开文化建设，战略根本无从谈起
> ——文化每天都把战略当午餐吃。
>
> 我们就像海上的朵朵浪花，与大海浑然一体，
> 无法分割。

好书推荐：《孕育青色领导力》[美] 罗伯特·安德森等 / 著

推荐人：梁伟东

16 年头部药企职业经理人，ICF 国际认证专业级教练 PCC，《友者生存 4》联合作者。

"

科学的分析固然巧妙，
我们也需要从自身专业的角度做出判断。

风格本身没有好坏之分，只怕没有应用在合适的地方，
没有深入一个完整的形态。

我们想打动人心先要了解人的大脑
是怎样感知和做判断的。

"

好书推荐：《游戏 UI 设计》师维 / 著

推荐人：师维
一个终身成长信奉者，15 年游戏行业从业经验。

"

家庭阅读的定位就是
让孩子想要阅读、热爱阅读、享受阅读。

在智能屏幕时代，对孩子来说，不读是常态，偶读是抬爱，
多读是意外，深读是中彩。

出声朗读最大限度地激活了
大脑中视觉和听觉两条语言理解通道，
足以解决简单的理解问题。

"

好书推荐：《让孩子成为阅读高手》陈晶晶 / 著

推荐人：饼妈晶晶
养育星球品牌创始人，第十届当当影响力作家，家庭阅读养育专家。

"

我们人类所有受苦的根源就是来自不清楚自己是谁，
而盲目地去攀附、追求那些不能代表我们的东西！

天下有三种事：我的事、他人的事和老天的事。

无论你多么爱他，
多余的担心就是最差的礼物，不如给他祝福吧！

"

好书推荐：《遇见未知的自己》张德芬 / 著

推荐人：魏金宇
私企总经理，通过心理学创富，读书会创始人。

> 即使在最黑暗的时刻，也请记得，
> 你始终拥有重塑人生的力量。
>
> 从家训入手，带领一个个家庭建立家庭精神世界；
> 从家庭会议入手，重新打造良好的家庭协同关系；
> 从家庭目标入手，让整个家庭向着同样的目标前行。
>
> 成为自己的幸福预言家。

好书推荐：《重塑人生》李海峰、易仁永澄、橘长 / 主编

推荐人：悦平老师

高级家庭教育指导师，族豪研习社创始人，畅销书《友者生存4》《睡个好觉》联合作者。

"
优势是向内找,成长是向外走。
向内探多深,向外就走多远。

你不会成为你想成为的样子,
你只会成为你相信的那个自己。

把你原来学习的终点,变为学习的起点。
"

好书推荐：《优势成长》帅健翔 / 著

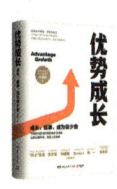

推荐人：赵峻
国家二级心理咨询师，深耕家庭教育8年，专业陪跑青少年成长，助力上千孩子纠偏培优。

> 调查就像"十月怀胎",
> 解决问题就像"一朝分娩"。
> 调查就是解决问题。
>
> 矛盾是普遍的、绝对的,存在于事物发展的一切过程中,
> 又贯串于一切过程的始终。
>
> 人民,只有人民,才是创造世界历史的动力。

好书推荐:《毛泽东选集》毛泽东 / 著

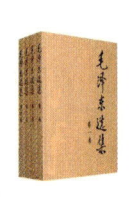

推荐人:杨志强
DISC+ 社群联合创始人,畅销书《出众力》
主编,19 年体验式培训工作经验。

挑战我的并不是荒原和未知，
而是我内心的恐惧。

人有两次生命，第一次是来到这个世界，
第二次是知道自己为什么来到这个世界，
一切始于觉知。

勇气的获得只有一种途径，
那就是：去做你没做过的事情。

好书推荐：《用一年时间重生》娜里跑 / 著

推荐人：上官心雨
高级家庭教育指导师，心理倾听师，帆书新父母家庭教育实战讲师。

"

身心合一的要领不仅是专注于当下,更是享受当下。

专注于深度学习,同时对浅学习保持开放。

所有痛苦都是上天给我们的成长提示。

"

好书推荐:《认知觉醒》周岭 / 著

推荐人:包佳慧

营销文案导师,原创朋友圈文案 6 年,输出 200 万字。

> 不必因为没效率而不自信,
> 正因为没自信所以才没效率。
>
> 无论人生在低谷还是高峰,不管是贫还是富,
> 都要保持本性,打造内在宠辱不惊的地基。
>
> 只要想办法把日子过好,
> 让自己舍不得死但随时都能死而无憾,
> 或许我们就能重新找到活着的意义。

好书推荐:《原生家庭木马快筛》李欣频 / 著

推荐人:符青桥

个人成长教练,国家首批职业讲书人,活动操盘手,社会工作师。

> 听书不如讲书,输出会倒逼输入。
>
> 讲书是一个自我学习、终身成长的必备神技能。
>
> 讲书的关键之处在于,你真的喜欢某一本书,并且愿意分享给别人。

好书推荐:《成为讲书人》赵冰 / 著

推荐人:赵冰
国民讲书教练,当当影响力作家,阅读推广人。

> 写作不是作家的专属,
> 是每个人都应该掌握的基本技能。
>
> 生命终有尽头,而文字却可以穿越时空。
>
> 有专业知识,又会写作的人,是非常有竞争力的,
> 能创造巨大的价值。

好书推荐:《精进写作》弘丹 / 著

推荐人:弘丹

畅销书作家,连续四届当当影响力作家,著有《AI 写作宝典》《精进写作》等五本书。

"

快速、关键、逻辑
是我们在绘制思维导图的过程中要考虑的问题,
而联系则是绘制后要不断做的事情。

要摒弃一切繁复的表面技巧,
直面思维导图的备考核心,
用最简单的方法来呈现思维的层次与深度。

只有重视联系,才能不断完善知识体系,
让我们所做的每一道题都具有积累效应。

"

好书推荐:《思维导图解题法》杨泽、王玉印 / 著

推荐人:王玉印

玉印思维导图®品牌创始人,Xmind 官方认证大师,著有《思维导图工作法》等六本专著,第八届当当影响力作家。

"
知识是不需要付费的，效果才需要付费。

每个小选择都会决定改变命运级大选择的可选项。

每个正确的动作都在提高成功的概率。
"

好书推荐：《单干》陈欢 / 著

推荐人：Nicole 娜儿
全流程设计落地百亿上市集团人才发展的 10 年资深 HR，致力于陪跑 1000 位女性成长的愈见沙龙主理人。

"

万物皆为一物。当你想要某种东西时，
整个宇宙会合力助你实现愿望。

追寻天命的人，知道自己需要掌握的一切。
只有一样东西令梦想无法成真，那就是担心失败。

所有发生过一次的事，可能永远不会再发生；
但所有发生过两次的事，肯定还会发生第三次。

"

好书推荐：《牧羊少年奇幻之旅》[巴西] 保罗·柯艾略/著

推荐人：荔枝

荔枝悦读成长圈创始人，高级阅读推广师，国际认证人生自信力执导师，梦想清单认证讲师。

"

实际上，小孩子不管看上去有多么小，
对真正有趣的事情，是绝对能够听懂的。

孩子们能够在别人面前，
清楚、自由、毫不羞涩地表达出自己的想法，是绝对必要的。

不要把孩子们束缚在老师的计划中，
要让他们到大自然中去。
孩子们的梦想，要比老师的计划大得多。

"

好书推荐：《窗边的小豆豆》[日]黑柳彻子 / 著

推荐人：西西

西西书友会创始人，聊天沟通教练，读书践行社创始人，深耕演讲口才 7 年。

"

我们生命中很多的痛苦，
都是自己撰写的剧本、为自己加的戏。
既然我们可以写苦情戏，当然也可以写欢乐剧。

每当生活中有人触动我们的负面感受和情绪时，
我们可以先放下对那个人的批判和声讨，
甚至把那个人完全置身于你的感受、思维、情绪之外，
只是去好好感受自己的情绪。

爱一个人，无论是父母、爱人、孩子、朋友，
我们都不能在关系中失去自己，一旦失去自己，
就可能养出甩手掌柜的老公和大逆不道的孩子。

"

好书推荐：《情绪自由 人生更轻盈》张德芬 / 著

推荐人：胖小姐

"90 后"，空杯读书会创始人。

人生最大的奇迹，就是成为梦想中的自己。

愿景板拉近梦想，行动板实现梦想。

动机决定你能否开始，习惯决定你能否坚持。

好书推荐：《早起的奇迹》[美] 哈尔·埃尔罗德 / 著

推荐人：印志鹏
亿起读书吧创始人，人生规划师，爱读书爱演讲的"90后"，连续5年坚持早起。

> 若不反躬自省，而徒向外驰求，
> 则求之有道，而得之有命矣。
>
> 凡称祸福自己求之者，乃圣贤之言；
> 若谓祸福惟天所命，则世俗之论矣。
>
> 造命者天，立命者我。

好书推荐：《了凡四训》[明] 袁了凡 / 著

推荐人：王致远
持续成长者，欢迎交流改命智慧。

> 我们不应该只把感恩之心留给特别的日子。
>
> 你的东西会逐渐变成生活的背景,
> 但记忆中的体验会一直鲜活。
>
> 当你已经做不了某些事情的时候,
> 你要做的就是感恩于自己还能做的事。

好书推荐:《感恩日记》[美]贾尼斯·卡普兰 / 著

推荐人:悠秀

"70后"财务人,用阅读开启人生下半场,弘丹写作学院写作教练。

> 她反复强调，生命中最重要的事情，
> 是要搞清楚自己究竟想要做什么以及要与谁共事。
>
> 职场品质拥有强大的力量，
> 能将成功之于一个人和一个组织的含义提升到更高的层面：
> 成功关乎意义、本质和影响。
>
> 对好企业家的一般定义是：致力于持续完善价值观，
> 帮助自己和他人成为最好的自己的人。

好书推荐：《你如何成为公司最重要的资产》[加] 安东尼·詹 / 著

推荐人：王睿

北极星书友会创始人，职场教练，阅读爱好者。

总有一天，你会明白，真正能治愈你的，
从来不是时间或某个人，而是你的格局和释怀。

世间皆苦，唯有自渡。
能救你于谷底的，从来不是他人，而是你自己。

生命中的每一个契机、每一次起伏，
都在我们的人生时间表里拥有深远的意义。

好书推荐：《自渡》墨多先生 / 著

推荐人：杨海燕

爱读书、爱分享，四十不惑、从头来过，
一起在书中遇见更好的自己。

"

你不能解决问题，你就会成为问题。

想让别人真正爱你，只有让自己成为值得爱的人。

真正的爱不是忘乎所以，
而是深思熟虑，是奉献全部身心的重大决定。

"

好书推荐：《少有人走的路》[美]M. 斯科特·派克 / 著

推荐人：阿凡提
高校教育工作者，阅读讲师，家庭教育指导师（高级）。2019 年 7 月至今坚持精时力学习。

> 我就是去做,不担心结果,
> 如果不成功,我就接受结果。
>
> 把钱当成能量,它就会真正流动起来,
> 它来了它走了,有时多有时少
> ——这就是金钱的本质,它不是固定的东西。
>
> 成功者,他允许最坏的结果发生。

好书推荐:《对财富说是》[澳]奥南朵 / 著

推荐人:韦园园

彭小六读书会创始人,9年思维导图践行者,热爱自然、热爱阅读、热爱生活。

> 你的想法不是你的全部,
> 你还是你每个想法的见证人。
>
> 你的未来由你自己书写。
> 把你想要的写下来,并活出一场精彩的故事来吧。
>
> 优秀不是一种行为,而是一种习惯。

好书推荐:《高频情绪练习》[美] 威克斯·金 / 著

推荐人:Lisa Sun
大学教师,心理咨询师,个人成长教练。

每一个困境的解决
其实都是一次"当下真心"的显现，都是一个悟。

你必须以自己的努力去遭受挫败，
才会准备好抓住他抛给你的救生圈。

在老师身上，必须具有一种
远超职业要求的高度责任感。

好书推荐：《箭术与禅心》[德] 奥根·赫立格尔 / 著

推荐人：袁婷 Titi
OH 卡女力读书会创始人，情绪优化教练，
终身情绪管理及优化的践行者。

"

不要让上一代错误的养育方式留在你身上的阴影，
再影响到你的下一代。

孩子希望获得你的爱，想与你联结，想跟你当朋友。

每个人都需要界限，以便有某种架构来支撑生活
并学习和他人一起生活，孩子也不例外。

"

好书推荐：《真希望我父母读过这本书》[英]菲莉帕·佩里 / 著

推荐人：正域

心理咨询师，自我关怀及非暴力沟通实践者，米峰堂®创始人：悦读品茗善愈。

> 想让人们相信谬误有个可靠的方法,
> 那就是不断重复,因为人们很难对熟悉感和真相加以区别。
>
> 我们会忽视显而易见的事,
> 也会忽视自己屏蔽了这些事的事实。
>
> 根据这些可知信息,你构建出最可能的故事,
> 如果这个故事还不错,你就会相信它。
> 然后自相矛盾的是,在我们所知甚少
> 或是谜题的答案只有初露端倪时,
> 我们却更容易构建出一个连贯的故事。

好书推荐:《思考,快与慢》[美]丹尼尔·卡尼曼/著

推荐人:邹炜烽

戴思教育创始人,15年雅思教学及中英粤主持配音,在广电单位任职,助你全方位提升英语水平。

> 纠正缺点是一种补救措施,
> 而培养优点能带来成长和更多的幸福感。
>
> 与人分享的快乐是双倍的快乐,
> 与人分担的痛苦是减半的痛苦。
>
> 利他主义是自愿帮助他人,
> 而不需要别人的帮助,也不需要任何经济补偿。

好书推荐:《积极心理学治疗手册》[加] 塔亚布·拉希德等 / 著

推荐人:韩明明

中楷晨间读书会创始人,中楷青少年夏令营主讲导师,线上直播运营教练。

遵循生命法则的真实的生活方式
才是带给你喜悦的生活方式。

终极的断舍离就是：领悟到
"人们是各自过着自己的人生"
"别人有和我不同的价值观，每个人有每个人的人生"。

瑜伽认为：人们应该积极地发散能量，
并只接纳必需的能量。

好书推荐：《断舍离》[日] 山下英子 / 著

推荐人：陶理儿

思予读书会创始人，"80 后"，断舍离践行者，整理师直播大会联合发起人，整理收纳讲师。

"

批评和责备他人是没有意义的,
因为那只会让人在心理上增加一层防护。

世界上最重要的与他人相处的原则
——你希望他人如何对待你,那么你就必须那样对待他。

在与人交往的时候,你应该多问对方所关心的问题,
并让对方自己来诉说。

"

好书推荐:《人性的弱点》[美] 戴尔·卡耐基 / 著

推荐人:海豚老师
六点奇迹读书轻创平台创始人,培训机构创始人,极速批量成交教练。

"

讲书 = 阅读 + 演讲

不要觉得讲书是一件门槛特别高的事，
只要你有分享的愿望，想把美好的东西传递给别人，
你就能成为一名讲书人。

听书不如讲书，输出会倒逼输入。

"

好书推荐：《成为讲书人》赵冰 / 著

推荐人：张鹏
太原在路上读书会创始人，讲书人，一直在路上的营销工作者。

"

有生就有灭，有聚就有散，
这不过是事物平常的状态。

忍辱中的勇气也不是来自意志力，
而是来自内心的柔软和开放。

从抓取转向舍弃，仿佛是个重大选择，
而实际上，我们别无选择。

"

好书推荐：《次第花开》希阿荣博堪布 / 著

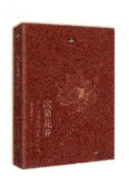

推荐人：卓然
三一書苑创始人，高级亲子教育指导师，
三七读书会推广大使。

"

天命就是你一直期望去做的事情。

万物结为一物。当你想要某种东西时，
整个宇宙会合力助你实现愿望。

切记，你永远都要清楚你想要什么。

"

好书推荐：《牧羊少年奇幻之旅》[巴西] 保罗·柯艾略/著

推荐人：香公子
香约读书会创始人，人力资源管理，企业读书会陪跑者，讲书人。

> 活在高手堆里,你也很难成为低手。
>
> 很多时候,用户缺的不是干货,而是力量。
>
> 被重视、被鼓励、被夸奖、被理解、被支持、被需要,是你的刚需,也是别人的刚需。

好书推荐:《一年顶十年》剽悍一只猫 / 著

推荐人:七七

七维营销读书会创始人,东方启明星重庆合伙人,私域商业教练,老板们的创富小参谋。

"

所有人的首要目标是寻求归属感和自我价值感。

孩子在伤心、生气或恐惧时，也正是他最需要父母的时候。

我们一定要让孩子相信这一点：持续努力比天赋重要！

"

好书推荐：《自律的孩子成学霸》凌笑妮 / 著

推荐人：凌笑妮
青少年学习力专家，教过众多海淀妈妈的海淀妈妈，当当影响力作家。

"

行为的倾向性是存在的，也是可以改变的，
但改变的过程会比较辛苦，甚至痛苦。

认识一个人需要缘分，了解一个人需要时间。

所谓全能，是有意识地将自己调适成"全能型"的状态，
知道何时何地、面对何人，遇到何事，发挥何种特质。

"

好书推荐：《懂得》俞亮 / 著

推荐人：俞亮
资深培训师，第十届当当影响力作家，
DISC 高情商沟通与领导力专家。

> 有压抑就会有爆发。
>
> 我们对自己的身体要非常熟悉,才能谈得上养生。
>
> 心身健康不仅与自己有关,
> 也和我们的家庭、社会、时代有关。

好书推荐:《精神健康讲记》李辛 / 著

推荐人:赵芙蓉

《读书会创始人》联合作者,漫学心理365读书会创始人,40岁跨界全职心理工作者,坚持早起带领心理学共创读书1100多天。

"

让更多人感受到心安的力量,
是我持续行动的理由。

爱自己,从看到自己开始。

每个人都需要一个教练。

"

好书推荐:《重塑人生》李海峰、易仁永澄、橘长 / 主编

推荐人:**李晔**

《重塑人生》联合作者,叶叶有茵读书会创始人,个人成长教练。

> 行道、行善、广积阴德的人,
> 肉体死后其阴德与智慧恒存,
> 故其生命不会死亡,与天地共存。
>
> 道的精神特征就是超越所有二元对立,平等普爱一切众生。
>
> 有道的圣人,以大自然为师,
> 体悟出打开心量、包容、柔软、处下的人生妙哲学。

好书推荐:《道德经妙解》郭永进 / 著

推荐人:傅亚祺

心力读书会创始人,MCF 国际认证大成教练,应用心理学导师,轻创商业教练,曾任 500 强上市公司 GM 10 余年。

> 我们不可能什么都有，也不会什么都没有。
> 如果你忘记了自己是谁，那就想想曾经闪光的自己。
>
> 一个人独一无二的天赋才干，能让他释放巨大的潜能。
>
> 在不确定的生活中，找到属于自己的确定性，
> 过有准备的人生。

好书推荐：《优势杠杆》王玉婷 / 著

推荐人：春华
优势教练，坚持星球认证演讲教练，嘉年华读书会创始人。

"
人类不仅能针对特定环境选择回应方式，
更能主动创造有利环境。

以终为始最有效的方法，
就是撰写一份个人使命宣言，人生哲学或基本信念。

统合综效意味着1+1等于8或者16，甚至1600。
"

好书推荐：《高效能人士的七个习惯》[美]史蒂芬·柯维/著

推荐人：明月

国家二级人力资源师，三七读书会推广大使，喜马拉雅A+有声主播。

> 换一个角度，换一种态度，换一个全新的自己。
> 无论你处于人生的什么阶段，无论你从事哪种行业，
> 只要愿意，就可以直接上路，而且越早越好。
>
> 每发生一件事，首先要弄清楚：到底是谁的事；
> 然后对老天的事和别人的事保持幽默，不当真；
> 对自己的事，认真对待，莫放过。
>
> 要修炼愿意，为别人容易，为自己难；
> 大家一起容易，自己单独难。
> 若能有一群人都愿意我为人人，人人为我，
> 那么不难修炼出个"万事愿意"来。
> 所谓"愿力"，就是这么修炼出来的。

好书推荐：《人生只有一件事》金惟纯 / 著

推荐人：草梅

持续 9 年每年至少践行一个 100 天主题练习的目标管理指导教练，带你体验百样人生的活动策划顾问。

阅读的意义，在于能否邂逅那些
让我们产生强烈共鸣的一字一句。

为了生存，人类必须具备三个特性，
即叙事能力、探索能力（学习与改变）、建立关系的能力。

对成功人士来说，完成阅读不是终点，
阅读完必定有所行动。

好书推荐：《如何成为一个会读书的人》[日]渡边康弘 / 著

推荐人：爱读书的猛哥

逗号成长学院创始人，逗号成长读书会创始人，专注个人成长、家庭教育、个人健康回归。

> 要想更好地升级，
> 你必须成为一名合格的"时间投资人"，
> 你需要认真思考，认真选择，
> 想尽办法将大部分时间投资到高价值的人和事上。
>
> 坚持读书，等于坚持锻炼并升级自己的大脑。
> 让大脑充满好东西，让大脑战斗力更强，
> 我们才更有可能做得更好、活得更好。
>
> 怎样才能脱颖而出，让自己的个人品牌更有吸引力呢？
> 有一个办法很管用。那就是，服务头部。

好书推荐：《一年顶十年》剽悍一只猫 / 著

推荐人：赵晗婧

晗婧（趣玩）读书会创始人，家庭教育资深教师，儿童游戏化阅读合伙人。

"
属于岁月的智慧是混乱的；
只有永恒的智慧才能真正教诲人。

人能由树的年轮而知道树的年龄；
人实在也能够因悔改的程度而知道他在美德上的成熟度。

那真正强而有力的，每每很安静地让那弱者得以自行其道，
任其觉得自己是强者。
"

好书推荐：《清心志于一事》[丹麦] 祁克果 / 著

推荐人：朱应涛
致力于服务心智障碍者的公益人，早起拆书主理人。

> 你去追跑了的东西，就跟用手抓月光一样的。
> 你以为伸手抓住了，可仔细一看，手里是空的！
>
> 我郁闷了，就去风中站上一刻，它会吹散我心底的愁云；我心烦了，就到河畔去听听流水的声音，它们会立刻给我带来安宁的心境。我这一生能健康地活到九十岁，证明我没有选错医生，我的医生就是清风流水，日月星辰。
>
> 没有路的时候，我们会迷路；路多了的时候，我们也会迷路，因为我们不知道该到哪里去。

好书推荐：《额尔古纳河右岸》迟子建 / 著

推荐人：文嘉

帆书官方社群金书童，服务 3000 多位书友听书和阅读，帆书·雨知教育认证翻转师。

"
如果我们问对了问题，通常都会很容易找到答案。

改变看问题的角度，
对于改善你的人际关系是非常有效的。

100% 的坚持要比 98% 的坚持更容易实现。
"

好书推荐：《你要如何衡量你的人生》[美]克里斯坦森等 / 著

推荐人：佟佟
时间管理陪伴教练，个人成长读书会创始人。

"
如果问题本身是错误的，过时的或不具代表性的，
那么试图解决这个问题是没有意义的，
这时，我们需要做的是重新定义问题。

确定性决策追求收益最大化，
不确定性决策通过最大化的努力来最大化机会。

不确定性的动态博弈是世界的本质。
"

好书推荐：《升维》[澳]王珞 / 著

推荐人：瑶小喵
985 医学硕士，三甲医院主治医师，帆书官方知识教练。

"

大大方方谈钱，坦坦荡荡成交。

表达力是个人品牌的放大器，
因为不发声就什么都不会发生。

永远要记得，你不需要很厉害了才开始，
你只有开始了才会很厉害。

"

好书推荐：《打爆》孔蓓、查克 / 著

推荐人：宝藏艳君
持续 8 年早起阅读，为多家企业做过知识萃取的视觉营销教练，知识图卡作品 3000 余件的内容可视化教练。

> 在本书中,我将带你领略另一种"读心术"的魅力
> ——通过绘画探析一个人的性格特点、情绪状态、
> 压力状态甚至行为。
>
> 现在请你画一棵树,信不信从树干、
> 枝叶和绘画的线条、笔触,
> 能透露出你在情绪稳定性方面的信息?
>
> 不要问孩子爱不爱你,
> 或者问孩子更喜欢爸爸还是妈妈,这是很敏感的。
> 你不妨让孩子画画,来洞悉孩子心中不愿说的秘密。

好书推荐:《画知道答案》严虎 / 著

推荐人:阿布

《读书会创始人》联合作者,擅长用绘画解读、情绪桌游激发青少年内驱力。

"

相信你自己，绝对可以设计你想要的人生。

千万得放下"被安排"的习惯，扛起自己的人生主导权。

未来能够成就的，不能用现在的自己来决定，
因为人会学习与成长。

"

好书推荐：《我在家我创业》 凯若 / 著

推荐人：温温
演讲变现教练，10 年连续创业者，菲凡阅读演讲俱乐部主席，演讲协会优秀企业家宣讲团导师。

> 你焦虑的原因就是没有按照自己想要的方式活着。
>
> 走脑的年度计划很容易半途而废,
> 走心的年度计划才动力十足。
>
> 人生除了活得有意义,还要活得有意思。

好书推荐:《只管去做》邹小强 / 著

推荐人:秋香
多米财富读书会创始人,爱读书的理财师,
连续 8 年金融从业者。

"

想要在办公室里打击缺乏教养的人，
你一定要把握住这四个原则：正面提主张，请求领导支持，用好行政助力，团结其他受害者。

职场上最重要的人际关系就是你和领导的关系。

吸引注意力，以缩为进，跟权威者哭告，吃定圣母心同事，这就是自恋者在职场上的存活之道。

"

好书推荐：《识人攻略》熊太行 / 著

推荐人：妍妍
生命数字解读师、中医养生爱好者、摄影爱好者。

> 为最坏的情况做准备,以尽量使其不那么糟糕。
>
> 无论你要实现什么目标,
> 让合适的人各司其职以支持你的目标,是成功的关键。
>
> 先把你的"必做之事"做完,
> 再做你的"想做之事"。

好书推荐:《原则》[美]瑞·达利欧 / 著

推荐人:幸福的承诺
自由职业,心理学爱好者,连续 700 天早起阅读人。

"

提升的秘诀就是永远不要低头——永远向上看。

获得真正的自由的先决条件是,你决心不再受苦。

限制和界限只存在于你停止超越的地方。

"

好书推荐:《清醒地活》[美]迈克尔·辛格 / 著

推荐人:鄂海峰

帆书文堂教育服务中心知识顾问,新晋家庭教育指导师。

> 你如果知道你的目标是什么,就能应对挫折。
>
> 性格,从我们的承诺中显现出来。
>
> 归根结底,快乐不在于满足欲望,而在于改变欲望,让自己拥有最好的欲望。

好书推荐:《第二座山》[美] 戴维·布鲁克斯 / 著

推荐人:康康
爱阅读的双语老师,康康悦读晨会主理人。

"

书写的过程就是英雄面对恶魔的过程，
当你与恶魔战斗，你就是在自我救赎，
这个过程少不了智者引路，这个智者就是
能看到你原本的样子，愿意带你走向心灵深处的人。

书写梦让你自由，让你叩问灵魂，
让你在现实世界过上一种超越现实的秘密生活，
那里有你想要的一切。

心灵书写就是攻击性很好的升华。

"

好书推荐：《心灵书写》冰千里 / 著

推荐人：芃凡

语音写作、阅读践行者，创意表达性艺术疗育师，国际多元智能教育规划师。

"

人生的价值，
并不是用时间，而是用深度去衡量的。

机会总在你的舒适圈外面。

停止评判他人，让思绪流动。

"

好书推荐：《21天学会思维导图》尹丽芳 / 著

推荐人：尹丽芳
教育学博士，当当影响力作家，高效学习指导专家。

"

想要更多钱，你就先证明自己值这个钱。

再开明的老板，其包容心也是以公司利益为底线。

既保留个性，又不会让性格因素影响工作。

"

好书推荐：《能力突围》焱公子 / 著

推荐人：焱公子

10 年世界 500 强经历，擅长 AIGC 在商业领域的应用与落地，多本畅销书作者，当当影响力作家。

"
初心就像深埋在你心中的一颗种子,
一旦有了合适的土壤、阳光、水分,
它就会从心底发芽、生长。

世上根本没有真正的两全其美。
最好的选择是短期取舍,长期整合。

人生的大巴,中途会有新的人上车,也会不断有人下车,
能陪我们走到最后的,是我们的家人和挚友。
"

好书推荐:《活出精彩》白小白 / 著

推荐人:白小白
女性生涯创业教练,当当影响力作家,品牌投资人,著有《活出精彩》《能量觉醒》等书。

"

世间最远的距离莫过于，
这是你的"显然"，却是我的"茫然"，
我们同在一个时空，看到的却大不相同。

世界仍然是那个世界，
只有在我们改变了自己的位置以后，
看到的景色才会不一样。一旦看到的不一样，
我们感知到的世界也会不一样。

成长不是让我们进入一个没有问题的阶段，
而是让我们在面对问题和解决问题的时候，
内心平和而且安宁，不会产生不切实际的幻想。

"

好书推荐：《学习的学问》Scalers / 著

推荐人：Scalers
学习行动专家，个人成长社群"S成长会"创始人，当当影响力作家，多本畅销书作者。

> 可以确定的是,我不想就此认输,
> 我的人生不应该这样子一塌糊涂。
>
> 我知道我需要什么,我要快乐学习,需要内驱力,
> 而不是完全来自外界的压力。
>
> 交到好朋友的前提是自己对别人要足够包容与了解。

好书推荐：《逐光而行》李海峰、李嘉文、于木鱼 / 主编

推荐人：李嘉文

嘉家无忧教育品牌创始人,无忧学习力研究院院长,大湾区青年企业家协会教育专委会主席,当当影响力作家。

"
读书是穿越时空的最简单的自我保护方式。

不是只有电影才有开放式结尾，
每个人都有开放式的惊喜结局。

我现在是几岁并不重要，重要的是，现在是几点。
"

好书推荐：《我决定养一株名叫"自己"的植物》[韩] 金银珠 / 著

推荐人：青小稞

国家二级心理咨询师，治愈系心理漫画创作者，四季花开读书会创始人。

"

战略就是对身边的人进行有效布局。

让胆量变大,是突破圈层、实现跃迁有效的途径之一。

人最应该学会的是
如何与这个社会上有资源的人打交道。

"

好书推荐:《出手》恒洋 / 著

推荐人:唐美姣
投资人,资深保险人,温暖世家读书会创始人,演讲口才培训师。

"

只有自己才能改变事情最终的结果
——靠自己，自强者万强。

方向不对，努力白费，
在错误的赛道上，一路狂奔，越努力，毁灭的速度越快。

信任是一种能力，被信任是一种更重要的能力。

"

好书推荐：《底层逻辑》刘润 / 著

推荐人：邹艳丽
行动派读书会创始人，表达力教练，阅读推广人。

> 某样东西是否能让你的生活更圆满,
> 由你自己说了算,和别人告诉你它圆不圆满无关。
>
> 在生活中,只有你真正了解自己存在的意义。
> 永远不要因为其他人或事失去对自己命运的掌控。
> 要积极地选择自己的人生道路,不然就只能被动接受安排。
>
> "生活本来就很精彩。只不过有人没发现自己是作者,
> 没发现他们可以按自己的想法创作。"

好书推荐:《世界尽头的咖啡馆》[美] 约翰·史崔勒基/著

推荐人:曲彦霖
家庭教育指导师,手账思维导图达人,纸页时空门读书会创始人,全职双胎宝妈。

> 要去自己要去的地方,
> 而不是自己现在所在的地方。
>
> 不要等待运气给你解决问题。
>
> 并非每一种灾难都是祸,早临的逆境往往是福。

好书推荐:《巴菲特给儿女的一生忠告》范毅然 / 编著

推荐人:戚海丹
简乐艺术创始人,国家二级心理咨询师,家庭教育指导师。

"

积压的愤怒会使人咳嗽,
因为愤怒没有得到充分宣泄。

无意识的恐惧一般都源于 3 岁之前的创伤,
它会在身体的骶椎上留下记忆。

我们的身体就像一本账簿,记载着我们一生的经历,
我们每一次创伤性的经历都会沉积在我们的身体上,
形成各种结节、条索和塌陷,
这些结构表现代表着
不同的生命经历和情感情绪记忆。

"

好书推荐:《中医心理治疗》肖然 / 著

推荐人:唐惠凤
心理健康教师,中医整合催眠师,亲子关系 PDP 国际咨商师,家庭教育咨询师。

"

人体有天然的自愈力，
只要我们尊重自然，不持续自我伤害，
我们的身体就会自动趋于健康。

当我们觉醒过来，转念之间，我们突然发现，
重要的不是吃什么，而是不吃什么。

我们真正要追求的是既健康又长寿，无疾而终。

"

好书推荐：《非药而愈》徐嘉 / 著

推荐人：范月秋
健康管理师，集团公司16年生产管理经验，低脂纯素受益者。

> 上善若水。水善利万物而不争，
> 处众人之所恶，故几于道。
>
> 三十辐共一毂，当其无，有车之用。埏埴以为器，当其无，
> 有器之用。凿户牖以为室，当其无，有室之用。
> 故有之以为利，无之以为用。
>
> 反者，道之动。弱者，道之用。
> 天下万物生于有，有生于无。

好书推荐：《道德经》张景、张松辉 / 译注

推荐人：尤美军
传统文化爱好者，社会组织陪跑人，知行读书会创始人。

> 概念是分层级的，由分层级的概念
> 参与或组成的短语、句子、语段等也是分层级的。
>
> 能够通过比较分辨出不同事物的相同点和相同事物的不同点，这是天才的特点之一。
>
> 一般人恰恰是因为缺少分类的习惯和分类的能力
> 而常常把事情处理得一团糟，生活也过得稀里糊涂。

好书推荐：《概括的力量》 覃永恒 / 著

推荐人：飞鱼 / 李静
8 年一线记忆教学，飞鱼逻辑模型主理人，飞鱼学习能力读书会创始人。

> 没有一条路无风无浪，不要因为逃避而做出选择；
> 依据你看重的价值做出选择，那样才是无悔的。
>
> 当花生油被贴上了"味极鲜"的标签，人们就找不到花生油了；同样，如果你为自己贴上"没毅力""能力差""情绪化"的标签，就找不到自己了。
>
> 把每个人从不同角度看到的内容相加，
> 就更能看到问题的全貌，更加接近真相。

好书推荐：《有解》奉湘宁、顾淑伟 / 著

推荐人：雨馨爱读书
阅享读书会创始人，爱阅读，爱思考。

"

一个人眼界远了，则纠结一身的是非烦恼，
毹毹自落，心理上便能获得无限的平和。

人间一切变幻无常，唯有安步徐行于大雨中的人，
才能"回首向来萧瑟处，也无风雨也无晴"地坦然归去。

苏轼的伟大，在于他有与权力社会对立的勇气与决心，
一则得之于知识力量的支持，二则出于"虽千万人，
吾往矣！"那份天赋的豪气。这两种气质合起来，
造成他"薄富贵，藐生死"的大丈夫气概。

"

好书推荐：《苏东坡新传》李一冰 / 著

推荐人：苏苏

深耕教育 20 余年，中英文阅读指导师，
行 + 读书会创始人，一有少年研学创始人。

"

今天我们之所以喜爱苏东坡，
也是因为他饱受了人生之苦的缘故。

这才是我们所知道、百姓所爱戴的苏东坡，
也是温和诙谐、百姓的友人兼战士的苏东坡。

吾善养吾浩然之气……不依形而立，不恃力而行，
不待生而存，不随死而亡矣。

"

好书推荐：《苏东坡传》林语堂 / 著

推荐人：黄冬梅

整理收纳师，怡然整理主理人，《读书会创始人》联合作者，怡然读书会创始人。

> 在读书中超越有限的今生。
>
> 你有没有值得一生追寻的使命？
>
> 我们画不出完美的圆，但它是存在的。

好书推荐：《法治的细节》罗翔 / 著

推荐人：黄仁杰

心理学博导，临终关怀督导，安宁疗护指导师，心理咨询师，社工师，家庭教育指导师，阅读悦有趣读书会创始人，为爱前行。

"

绘画是儿童表达自己、
与他人沟通的一种有效方式。

了解儿童绘画的形式，在一定程度上
能够帮助我们更好地把握儿童的心理健康状态。

无条件接纳孩子在画作中表现出来的情绪和事件，
是与孩子交流的基础，
也是走进孩子内心世界的前提。

"

好书推荐：《儿童绘画心理学》严虎 / 著

推荐人：绘心
国家二级心理咨询师，家庭心理顾问，高级儿童绘画心理指导师，绘心读书会创始人。

> 要改变现状,首先要改变自己;
> 要改变自己,先要改变我们对问题的看法。
>
> 两种能够直接掌控人生的途径:
> 一是做出承诺,并信守诺言;
> 二是确立目标,并付诸实践。
>
> 我们做任何事都是先在头脑中构思,
> 即智力上的或第一次的创造,然后付诸实践,
> 即体力上的或第二次的创造。

好书推荐:《高效能人士的七个习惯》[美] 史蒂芬·柯维 / 著

推荐人:艳鸣

"艳鸣陪你读书"读书会创始人,有书、读者等平台作者,供应链质量管理。

> 当动机、能力和提示同时出现的时候,
> 行为就会发生。动机是做出行为的欲望,
> 能力是去做某个行为的执行能力,
> 而提示则是提醒你做出行为的信号。
>
> 愿望是改变人生的绝佳起点。
>
> 大物始于小,培养习惯也是同样的道理
> ——从小处和简单着手。习惯成自然,就会深植于生活,
> 并自发成长。

好书推荐:《福格行为模型》[美] B.J. 福格 / 著

推荐人:李春
乐享读书会创始人。理解他人,成长自己。

> 认识自己永远都是改变的第一步。
>
> 与其用"假我"扮演角色,不如用"真我"纵情生活。
>
> 每一个人都是独一无二的存在,
> 我们的价值不由别人决定,而由自己决定。

好书推荐:《自渡》墨多先生 / 著

推荐人:曹可心
家庭教育指导师,天赋测评咨询师,慧心读书会创始人,为爱前行。

"

企业需要的不是课程、学习工具甚至学习。
我们在企业的职责就是改善业务结果。

目标越明确,越容易设计出有效的战略
(培训可能是或不是其中的一部分)。

清楚地界定了业务结果,培训项目就胜券在握。

"

好书推荐:《将培训转化为商业结果》[美] 罗伊·波洛克等 / 著

推荐人:惠彩

培训管理陪跑教练,职场 IP 锻造师,国家二级人力资源管理师。

"

"现在我们或许可以停一下,
想一想我们能从这些事情中学到些什么。"

"人们进入儿童状态后,
他们的感受和行为都和小时候的自己如出一辙,
与实际年龄并没有关系。"

无论何时,只要我们的情绪真正获得理解,
就能有成长的机会。

"

好书推荐:《蛤蟆先生去看心理医生》[英]罗伯特·戴博德 / 著

推荐人:开心

"田园式家庭研学"项目操盘手,中华福园·读书会创始人,国家二级心理咨询师。

"

德者事业之基，未有基不固而不栋宇坚久者。

磨砺当如百炼之金，急就者非邃养；
施为宜似千钧之弩，轻发者无宏功。

宠辱不惊，闲看庭前花开花落；
去留无意，漫随天外云卷云舒。

"

好书推荐：《菜根谭》[明]洪应明 / 著

推荐人：跨文化焱姐

四大注册会计师，跨文化沟通教练，20年欧美工作学习经历，毕业于北京大学。携手同行，彼此照亮！

> 随着年龄的增长，要明白一点，
> 不要以为可以永远做同样的事情，因为岁月不饶人。
>
> 打保龄球有利于结石和肾脏，射箭有利于扩胸利肺，
> 散步有利于胃，骑马有利于头脑，等等。
>
> 万事万物都是在不停的变化之中，永不停歇，
> 这是很明白的。

好书推荐：《培根论人生》[英] 弗朗西斯·培根 / 著

推荐人：杰哥

创客成长圈主理人，主治医生，心理咨询师。副业自媒体，全网拥有 20 万粉丝，专注 IP 赋能、读书成长。

> 一个好文案，胜过一百个好销售。
>
> 如果你不能帮到别人，不能为别人提供全方位的价值，那你的事业就无法真正建立起来。
>
> 人生最有意思的是你永远可以按下重选键，永远可以重新选择。

好书推荐：《改写》李海峰、思林 / 主编

推荐人：思林
畅销书《文案破局》作者，当当影响力作家，百万文案变现导师，无痕成交文案创始人，中英法三语达人。

> 这个时代，没有发声，就等于没有发生。
>
> 如果我们能够转变思维，采用利他思维去分享，
> 把焦点放在内容是否对听众有帮助上，
> 反而可能会激发出兴奋、自豪的情绪。
>
> 生活处处有演讲，每一次的当众表达，
> 都是一次打造个人品牌、提升影响力、
> 赢得竞争力的机会。

好书推荐：《演讲高手》汤金燕 / 著

推荐人：汤金燕
勇敢说口才培训中心创始人，第九届当当影响力作家，《演讲高手》作者。

"
面对两个人以上的表达就是演讲。

演讲表达是思维的外衣。

拥有迷之自信,玩转即兴演讲。
"

好书推荐:《从 0 到 1 搞定即兴演讲》于木鱼 / 著

推荐人:于木鱼
11 年资深演讲教练、畅销书作者、首创"AI 赋能演讲"先行者,当当影响力作家。

"
做生意的目的，《金刚经》古老智慧的目的，
以及所有人类行为的目的，都是为了丰富我们自己的人生
——同时获得内在与外在的富有。为了享受这样的财富，
我们必须保持身心的高度健康，并且我们必须在人生历程
上使这些财富具有更广阔的意义。

你谨慎地记录"六时书"，清晨认真静修，问题产生即刻
处理，并且杜绝新问题的产生。

如果这些有关潜能和铭印的理论真实不虚，那么关心他人
的最佳方式就是启发他人如何获得财富、如何享受财富、
如何使赚钱富有意义。如果你仔细想一想，用这一最佳方
式来分享财富（即：将如何创造财富的法则无限传播开去）
是在你心中植入财富种子的最好的方法；到那时，你所收
获的财富是你无法想象的。
"

好书推荐：《能断金刚》[美] 麦克·罗奇格西 / 著

推荐人：满兴

微光点亮微光读书会创始人，13年语文教师、10年500场读书会阅读推广、7年金刚智慧目标达成教练。微光点亮微光，生命影响生命，一本书点亮一个人，一群人温暖更多人。

> 不再期待对方给什么,
> 而是知道自己要什么,并努力去争取。
>
> 爱一个人,其实爱的是自己的期待。
>
> 真正的勇敢是看到:
> 我就是这么一个有各种缺点的普通人。

好书推荐:《不被定义的女性》马晓韵 / 著

推荐人:发光如星
书写疗愈读书会创始人,一位用阅读滋养自己,照亮人生的中年美少女。

> 父母要对孩子的行为划定界限,
> 而对情绪和愿望则全部包容。
>
> 要让孩子明白,自己的情绪并没有问题,
> 出问题的是他们错误的行为。
>
> 通过表达对孩子想法和感受的理解,
> 能让孩子感觉更安全,你们之间的情感会更稳固。

好书推荐:《培养高情商的孩子》[美]约翰·戈特曼等 / 著

推荐人:杨杨 tina

育儿派悦读创始人,一名擅长总结学习方法的妈妈,英语"渣妈"创办英语营 App 实现逆袭。

"

很多时候，我们对困难的事物缺乏耐心是因为我们看不到全局、不知道自己身在何处，所以总是拿着天性这把短视之尺到处衡量，以为自己做成一件事很简单。

那些溺爱孩子的父母，往往在孩子很小的时候就给他们很大的决策权，让他们自己决定吃什么、玩什么、做什么，但孩子根本没有相应的掌控能力，最后变成了自以为是、自私自利的人，造成这些后果的原因正是我们缺少对匹配这个概念的认识。

如果我们真的希望在时代潮流中占据一席之地，那就应该尽早抛弃轻松学习的幻想，锤炼深度学习的能力，逆流而上，成为稀缺人才，否则人生之路势必会越走越窄。

"

好书推荐：《认知觉醒》周岭 / 著

推荐人：菊子
子涵，终身成长型读书爱好者，积极心理学践行者和传播者。

> 底线互动是一种相爱相杀的模式。如果我们总是用底线去互动的话，就会让我们的关系受到伤害，就会让彼此都变得痛苦。
>
> 有的人不擅长学习，但并不代表他不够好，不擅长学习也可以有别的擅长的地方。
>
> 活在当下，你才能极具创造力。

好书推荐：《孕育完整人格》张丽红 / 著

推荐人：子墨

吴诗婷（子墨），书馨屋读书会创始人，家庭教育指导师，终身成长践行者。

"

结构是思维的根本。

隐性思维显性化，显性思维结构化，结构思维形象化。

结构思考力的四个基本特点，
即金字塔原理的四个基本原则：
结论先行、以上统下、归类分组、逻辑递进。

"

好书推荐：《结构思考力》李忠秋 / 著

推荐人：墨生香李老师
李彬华，墨生香语文创始人，18年小学语文教学经验，擅长辅导孩子阅读与写作，每年读书100余本。

> 学习型组织之所以可能,
> 是因为在内心深处我们都是学习者。
>
> 我们发明了边界,最后却发现自己被困在其中。
>
> 当置身于同一个系统中时,人们无论有多大差别,
> 都倾向于产生相似的行为结果。

好书推荐:《第五项修炼》[美]彼得·圣吉/著

推荐人:布道

创力读书荟创始人,三级拆书家,从事企业学习服务20余年,擅长为企业和个人诊断需求、策划学习发展方案。

> 真正珍贵的东西是所思和所见，不是速度。
>
> 我们总是太多概念、太多预设、太多追随、太多知识、太多传闻，而舍弃了本来最值得珍惜的耳目直觉和具体的细节，结果哪都走到了，却走得那么空洞，那么亦步亦趋，人云亦云。
>
> 旅行的一个危险是，我们还没有积累和具备所需要的接受能力就迫不及待地去观光，而造成时机错误。正如缺乏一条链子将珠子串成项链一样，我们所接纳的新讯息会变得毫无价值，并且散乱无章。

好书推荐：《旅行的艺术》[英] 阿兰·德波顿 / 著

推荐人：Sunny

学德语的外企 HR，视觉笔记爱好者社群"视觉夸夸营"创始人，"Sunny 视觉笔记训练营"主理人，为 30 多家知名企业提供视觉物料支持、视觉同传服务。

人生不是由别人赋予的，而是由自己选择的，是自己选择自己如何生活。

不与任何人竞争，只要自己不断前进即可。

我们没必要去满足别人的期待。

好书推荐：《被讨厌的勇气》[日]岸健一郎、古贺史健 / 著

推荐人：伊礼

李伊礼，伊礼修心屋读书会创始人。

> 自尊的人同时拥有健康的谦虚和健康的骄傲:
> 谦虚是因为他意识到自己还有很多东西要学习,
> 而骄傲在于认识到自己与其他人一样拥有尊严和价值。
>
> 因此,爱是重要的,如果没能从别人那里获得它,
> 就最好能够自给自足。
>
> 去爱冒犯者会让你链接到更好的自己
> ——你真实的、有爱心的本性。

好书推荐:《重建恰如其分的自尊》[美] 格伦·R. 希拉迪 / 著

推荐人:朱丹朱丽萍

资深媒体人,情商与沟通教练,系统家庭治疗师,创业导师。

> 系统理论就是人类观察世界的一个透镜,通过不同的透镜,我们能看到不同的景象,它们都真真切切地存在于那里,而每一种观察方式都丰富了我们对这个世界的认知。
>
> 其实,这种"好心办坏事"或"越采取干预措施,问题越恶化"的情况很常见。人们通常出于好意,试图借助一些政策或干预措施来修补系统出现的问题,但结果往往事与愿违,甚至将系统推向错误的方向。
>
> 世界是普遍联系的,不存在孤立的系统。如何划定系统的边界,取决于你的目的,也就是你想解决的问题。

好书推荐:《系统之美》[美] 德内拉·梅多斯 / 著

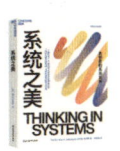

推荐人:邓老师

邓蓉,幸福读书会创始人,江西都市频道特约心理专家,家庭教育顾问,三个男娃的妈妈。

"

充分认清客观条件的限制,充分认知自身能力的限制,
谨小慎微地在限制范围内活动,这是赚钱的诀窍。
这个诀窍,与其说是"谦卑",不如说是"有克制的贪婪"。

如果一个人的事业覆盖面非常广,
想要取得成功,不大量阅读是不可能的。

在宏观经济面前,我们还是保持谦卑比较好。
书在我这一生中太重要了。

"

好书推荐:《芒格之道》[美] 查理·芒格 / 著

推荐人:方方

Base 香港深圳,将正向教育、天赋教养、教育身份有序结合的成长教练,心理咨询师,正面管教讲师,鼓励咨询师,高考志愿填报师,生涯规划师,积极学习力导师,香港优才、香港创明天 TEEN 规划首期友师。

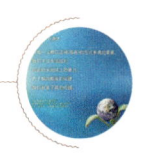

> 父母通常认为自己有责任监督孩子完成作业，
> 但往往忽略了更基本的目标：
> 培养一个有好奇心，能自主学习的人。
>
> 如果我们自己都无法接受我们的孩子，
> 我们怎能指望他们接受自己呢？
>
> 请允许你的孩子有什么都不做的时间。

好书推荐：《自驱型成长》[美] 威廉·斯蒂克斯鲁德博士等 / 著

推荐人：垭兰
精通拆书技巧的高校教授。一只搬运知识的萤火虫，努力传播终身成长理念，不求有多灿烂，只要能照亮某个角落就够了！

> 你要成为一道光,而不是一个法官;
> 你要成为一个榜样,而不是一个评论家。
>
> 唯有参与,才能认同。
>
> 家庭是社会的基石,是建造每个国家的基础材料,是文明之水的上流源头,是万般事物的黏合剂。

好书推荐:《高效能家庭的7个习惯》[美] 史蒂芬·柯维 / 著

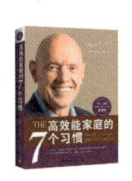

推荐人:简小喵

小喵钓鱼成长读书会创始人,个人成长教练,升学规划师,职业生涯规划师。

> 所有成年人都曾经是一个孩子,
> 只是很少有人能记得这一点了。
>
> 生命的本质就是在关系中寻找自己,并成为真正的自己;
> 在关系中寻找爱,并成为爱。
>
> 只有用心才能看到本质
> ——最重要的东西眼睛是无法看到的。

好书推荐:《小王子》[法] 圣埃克苏佩里 / 著

推荐人:Joan 肖

肖琼,深耕家庭教育 8 年,爱阅读的仁娃妈。

"

定位的本质　在如此嘈杂的传播环境中，
提高有效性的唯一希望，是要对信息进行选择和取舍，
聚焦于狭窄的目标以及进行市场细分。
一言以蔽之，要进行"定位"。

进入心智　成功的传播，
是要在恰当的时机对恰当的人说恰当的话。
定位是一套系统的寻找心智空位的方法。

定位素养　必须理解人，你会发现，
能够激发心智正面认知的名字，具有很大的威力。

"

好书推荐：《新定位》[美] 杰克·特劳特等 / 著

推荐人：刘蕴笛
项目经理，职业和青少年规划师。

批评是让孩子"抬头",而不是"低头"。

孩子的问题不是学习问题,而是关系问题。

知识是专用的,智慧是通用的。知识,研究万物之异;智慧,观察万物之同。读了书,就知道求同存异。

好书推荐:《好的关系 好的教育》詹大年 / 著

推荐人:姚·予爱陪伴
予爱＆陪伴读书会创始人。我是妈妈,也是我自己,爱学习爱分享,愿陪伴更多人看到自己。

> 做真实自我的代价就是要接受你不可能取悦所有人的事实。
> 你可能会招来恶毒的嫉妒、负面的预估和对你的批评。
> 然而，如果谨慎行事成了你生活中的首要目标，
> 你可能会扼杀自己的潜力。
>
> 你必须非常成熟地做出选择，
> 全心投入你所选定的生活轨迹，哀悼你为之而放弃的东西，
> 这并不是一件容易的事。
>
> 这个世界上还有许多人等着和你产生联结，
> 等着发现还有和他们一样的人，等着被你说的话拯救。

好书推荐：《你的敏感，就是你的天赋》[英]伊米·洛/著

推荐人：刘莓莓

法硕律师、心理咨询师双证姐姐，擅长经营读书变现副业赛道。

> 改变世界的是你的行为,而不是你的观点。
>
> 让他人觉得自己很重要;
> 这将让他们开心,也将让你开心。
>
> 要想取得世俗的成功,可以做一些奇怪的事。
> 让你的怪异成为一种习惯。

好书推荐:《宝贵的人生建议》[美] 凯文·凯利 /著

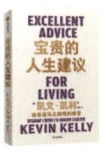

推荐人:陈尚峰
医疗美容从业者,天赋解读与性格解析,个人品牌顾问。

> 涉世浅，点染亦浅；历事深，机械亦深。
> 故君子与其练达，不若朴鲁；与其曲谨，不若疏狂。
>
> 攻人之恶，毋太严，要思其堪受；
> 教人以善，毋过高，当使其可从。
>
> 学者有段兢业的心思，又要有段潇洒的趣味。
> 若一味敛束清苦，是有秋杀无春生，何以发育万物？

好书推荐：《菜根谭》[明] 洪应明 / 著

推荐人：贺珍珍
寿险顾问。

演说是信心的传递，情绪的转移，能量的博弈。

说话不能说太满，
当你说"一定"的时候，就已经错了。

我们不必在意说了多少话，
而要在意对方听进了多少话。

好书推荐：《演说变现》侯辰 / 著

推荐人：侯辰
亚洲品牌十大杰出女性，IQueen 全球魅力女性领袖平台创始人。连续四届当当影响力作家，多本畅销书作者。

"

你内在的英雄战无不胜。

个人成长的目的就是要活出一个值得拥有的人生。

做自己,比接纳别人更重要。

"

好书推荐:《重塑人生》李海峰、易仁永澄、橘长 / 主编

推荐人:易仁永澄

畅销书作者,第十届当当影响力作家,"个人成长教练"品牌课创始人,创业者心力提升教练。

"

企业宣传片的时代已经过去，
内容营销的时代正在到来！

无论是经营公域，还是经营私域，
本质上都是经营人与人之间的关系。

企业自己就是一个 MCN 机构，
员工都可以被打造为 KOL（关键意见领袖）。

"

好书推荐：《运营之巅》傅一声 / 著

推荐人：傅一声

知名培训师，多平台签约自媒体，多本畅销书作者，第八届当当影响力作家。

> 观点是因人而异的，没有对错之分，
> 但千万别掉进自我陶醉的表达陷阱里。
>
> 我希望你能沉下心来读一本书，
> 让书籍成为你的指路灯。
>
> 人到了山顶以后，就想挑战更高的山峰。

好书推荐：《向阳而生》李海峰、于木鱼、林靖 / 主编

推荐人：林靖

青少年演讲写作教练，资深媒体人，第十届当当影响力作家，《向阳而生》编者。

从基层上看去，中国社会是乡土性的。
乡下人离不了泥土，
因为在乡下住，种地是最普通的谋生办法。

所以在乡土社会中，不但文字是多余的，
连语言都并不是传达情意的唯一象征体系。

每个人的"当前"，不但包括他个人"过去"的投影，
而且还是整个民族的"过去"的投影。

好书推荐：《乡土中国》费孝通 / 著

推荐人：美琳

美琳心理工作室创始人，行走的少年心理成长营地创始人，心理教育践行者。

> 一个人，只要拥有 1000 个铁杆粉丝，这辈子几乎可以衣食无忧。
>
> 热爱针对你想干的事，擅长针对你能干的事，
> 需求则针对你可干的事，三者相交之处，
> 便是你个人品牌定位的锚定之处。
>
> 社群本身并不是用来圈人的，而是用来筛人的。

好书推荐：《1000 个铁粉》伍越歌 / 著

推荐人：西瓜

6 年阿里人，拾光读书会创始人，私域变现导师，天赋解读师。高级地读书，松弛地变现，做真实的自己！

"

艺术也好，创作也好，都是一层层递进，
将无意义变成有意义，最终回馈或影响到我们真实的生活。

脱口秀演员不是在"卖笑"，而是在卖想象力，
卖讲故事的能力，卖独一无二的人格特质，
卖自己的生活阅历和那些平淡无奇的岁月里
观察到的奇葩小事。

人生并不是只有一条跑道的马拉松，它更像是广场舞，
跳错了节拍，选错了搭档，都有机会重启。

"

好书推荐：《体验派人生》闫晓雨 / 著

推荐人：曹治远
上海笑丫喜剧演员，中国戏曲学院本科，元多古摄影公司写真微电影模特，陶子桃花源读书会助理，彭浦镇小镇推介官。

任何你已见的发生的事情，都是你自己吸引来的。

你能够做的最大冒险就是过你梦想中的生活。

记住，生活是一个旅程，它是用来完成自我成长的。
选择保持一种积极的态度，变得快乐、感激、慈爱和慷慨。
让自己置身于积极的人群和能量之中。

好书推荐：《吸引力法则》[美]杰克·杰克·坎菲尔德、D.D.沃特金 / 著

推荐人：丁李鹏

夫妻关系及亲子教育心理咨询师，东南亚国际物流及国际金融服务者，曾国藩思想蒲公英传播者。

> 展露弱点是人类容易被低估和误解的品质之一。
> 不愿展露弱点，人们就难以与他人建立
> 深厚而持久的人际关系。因为，要想赢得对方的信任，
> 最好的方式莫过于将自己的弱点毫无保留地暴露出来，
> 并且相信能得到对方的支持。
>
> 他根本没有做任何销售，相反，他只是投身进去帮助客户。
> 首先，他们让自己处于"赤裸"的、不设防的状态，
> 这样才能和客户建立信任。最终客户会全然信任他们，
> 并且关心他们。
>
> 你一旦意识到这不是个好主意就马上承认。
> 你可以自嘲，也接受大家的嘲笑。更重要的是，
> 你还要继续提出新的建议。

好书推荐：《示人以真》[美] 帕特里克·兰西奥尼 / 著

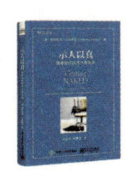

推荐人：鲍慧红

中医舌诊解读者，安宁疗护践行者，疑难杂症研究者。点灯传灯·1路向前。

- 177 -

"

当书很容易取得，当环境中充满读物时，
阅读就很容易发生。

轻松的阅读是不够的，
不过它们会带领人通往更深的阅读。

读得好的人也写得好，
因为他们已在不知不觉中学到好的写作风格。

"

好书推荐：《阅读的力量》斯蒂芬·克拉生 / 著

推荐人：韩萌
畅销书《读书会创始人》联合作者，妈妈赋能读书会创始人，家庭英语启蒙推广人。

"

企业持续成功的方程式表达为：
成功 = 战略 × 组织能力

任何变革措施，如果没有公司最高领导层的支持和推动，人力资源部门很难取得实质性成果。

组织能力的三角框架：
员工思维模式、员工能力、员工治理方式。

"

好书推荐：《组织能力的杨三角》杨国安 / 著

推荐人：杨慧
畅销书《终生成长》联合作者，九久相随人力资源管理咨询创始人，组织绩效顾问。

"
人生没有结业考试，也没有综合排名，
就像没有统一初始化一样。

我们并不缺机会，
缺的是对于机会的认识，以及提前的准备。

平衡的本质，只有一个：戒除贪心。
"

好书推荐：《洞见》赵昂 / 著

推荐人：洪小加

《把生活过得有仪式感》联合作者，洞见生涯游戏引导师（高阶），2023 年全国引导师评优"遥遥领先奖"获得者。

"

"知行合一茶"即是"工夫茶"。

工夫茶造就了人缘,人缘滋润了商道,
是潮商走向成功的奥秘。

人生的滋味尽显于茶,品尝茶亦是对人生的体味感悟。
茶如人生,人生如茶。

"

好书推荐:《喫茶去·潮州工夫茶》方云帆、詹玉池 / 著

推荐人:白岭南
春树·成就梦想读书会创始人,金牌讲师经纪人,广东工夫茶研究院副院长,潮州单丛茶、潮州牛肉丸品牌创始人。

> 在沟通中有一半的信息会被自动忽略，
> 而且我们不知道是哪一半。
> 相信这一点，能让我们提起精神，对沟通充满敬畏。
>
> 沟通的意义在于不断地交流信息，
> 努力消除彼此的盲区，扩展双方的共识区。
> 这首先需要我们整理好自己的信息，
> 主动把它们展现给对方。
>
> 沟通过程中，如果不能马上想出行动方案，还有两招可以用：
> "来，我们抓抓落实"，当个行动派；
> 或者邀请对方，"请您再给我提点要求"。

好书推荐：《沟通的方法》脱不花 / 著

推荐人：田淼
职业培训师，《终生成长》《爆发》联合作者，
相约星期二读书会创始人。

"

有钱人欣赏其他的有钱人和成功人士。
穷人讨厌有钱人和成功人士。

有钱人与积极的成功人士交往。
穷人与消极的人或不成功的人交往。

有钱人乐意宣传自己和自己的价值观。
穷人把推销和宣传看成不好的事。

"

好书推荐：《有钱人和你想的不一样》[英]哈维·艾克 / 著

推荐人：阿蔡老师
阿蔡创富读书会创始人，组织超过 200 场读书会，参与人次超过 6000 人。

> 在三赢（我好、你好、世界好）
> 原则的基础上追求效果。
>
> 自己说得多么"正确"没有意义，
> 对方收到你想表达的信息才是沟通的意义。
>
> 在任何一个系统里，
> 最灵活的部分便是最能影响大局的部分。

好书推荐：《重塑心灵》李中莹 / 著

推荐人：柳伯岩

爱听书，爱摄影，在探索内在精神世界的生命之旅中，寻找同行伙伴，共建艺术心灵家园。

"

提升效率的关键并不是快速做更多的事情，
而是一开始就让自己做相对较少的事情。

真正的高手不是临场发挥好，
而是通过自己的准备让自己不需要临场发挥。

如果我们能用别人已经知道的知识来介绍新知识，
整个过程就会简单轻松很多。
这就是用"旧知识"讲"新知识"。

"

好书推荐：《学习学习》王专 / 著

推荐人：康康
发售文案操盘手，刘 sir《定位高手》私域营销顾问，爱好读书、旅行、马拉松。

> 如果你不理解人生当中其他的部分，如果你就是忽略他们，能量上他们就会破坏你的事业，尽管他们不是有意识的。
>
> 成功从来不会存在于重压之下，只会在滋养和支持中发生。
>
> 恐惧和安全就像孪生姐妹，它们总是结伴而行。
> 你永远不知道下一刻会发生什么，当你有意识地跨出舒适区去冒险，你的活力就会回来。

好书推荐：《对财富说是》[澳] 奥南朵 / 著

推荐人：苏国斌

后土建筑设计联合创始人，既是喜欢独步的专业技术男，也是喜欢资源链接的执行者；财富是能力、资源的变现过程，大小和快慢的掌握需要知识的积累与沉淀。

他更接近于我理解的中国传统士大夫。
中国文明的灵魂其实就是士大夫文明，
士大夫的价值观所体现的就是一个如何提高自我修养，
自我超越的过程。

如果你确有能力，你就会非常清楚能力圈的边界在哪里。
如果你问起（你是否超出了能力圈），
那就意味着你已经在圈子之外了。

获得智慧是一种道德责任，
它不仅仅是为了让你们的生活变得更加美好。
而且有一个相关的道理非常重要，
那就是你们必须坚持终身学习。
如果没有终身学习，
你们大家将不会取得很高的成就。

好书推荐：《穷查理宝典》[美] 彼得·考夫曼 / 著

推荐人：刘志瑞
青少年成长教练，上海教育者小会发起人，终身成长赋能者，未来春藤上海城市合伙人。

"

工作是探索和表达自己的生命意义。

"不去做想做之事"才是任性。

相比"做什么"而言,"为什么做"更重要。

"

好书推荐:《创造有意义的工作》[日] 榎本英刚 / 著

推荐人:AI 宝妈智慧港™(松阳)
AI 宝妈智慧港™创始人,赋能宝妈通过 AI 技术实现个人成长和创业梦想。

"

成功和成长是两回事。成功是一城一池的得失，
有周期性，有偶然性，也容易得而复失，
而成长，则是从山底到山腰，又到山顶的过程，
人一旦成长，就再无退步的可能。

靠谱，是对一个人的最高评价。

首先必须重视行动。三流的人重视情绪，二流的人重视事实，
一流的人果断行动。

"

好书推荐：《靠谱》侯小强 / 著

推荐人：大双
初本商学创始人，创业老板高价成交顾问，
IP 发售文案营销顾问。

> 你活得越充实,便死得越坦然。
>
> 身后活在人心,是为不死。
>
> 你越是未曾好好地活过,
> 你对死亡的焦虑就会越严重。

好书推荐:《生命的礼物》[美]欧文·D·亚隆等 / 著

推荐人:刘静

静心成长读书会主理人,《静观其道》作者,《掌控力》《读书会创始人》联合作者,快速阅读认证讲师,高级家庭教育指导师。

> 不熟悉的人也能帮你成事。
>
> 你真的会聊天吗?
>
> 向"上"社交,助你平步青云。

好书推荐:《请停止无效社交》肖逸群 / 著

推荐人:彬彬
自主创业者,喜欢汉服,传统文化爱好者。

"
让自己变得更好,是解决一切问题的关键。

做一个超级连接者。

我们很贵。
"

好书推荐:《一年顶十年》剽悍一只猫 / 著

推荐人:李耀

DISC+ 社群联合创始人,畅销书《人际关系必修课》联合作者,中高端客户财务风险管理定制专家,家财有道风险管理事务所创始合伙人。

"

让进步看得见！

当人有了安全依恋和好的目标，就有了归属。
有了归属，人就有了不断前进的安全基地。

助人就是助己。

"

好书推荐：《情商这门课，只能父母教》唐雯 / 著

推荐人：方建秋
婚姻家庭咨询师、倾听师，思维导图讲师，NLP 执行师，欣怡书坊创始人。

> 我发现，有时候限制就是限制本身。
> 你认为做不到，你就真的做不到；
> 你觉得自己可以更强大，你就真的会变得更强大。
>
> 命运把我们丢到不同境地，接受自己拥有的，
> 追寻自己想要的，做好自己能做的，这就是最好的意义。
> 即使这个意义看上去没那么"有意义"也不要紧。
>
> 如果没有一个好的开始，你不妨试试一个坏的开始。
> 因为完美的开始永远都不会来到，
> 一个坏的开始总比没有开始强。

好书推荐：《拆掉思维里的墙》古典 / 著

推荐人： 惠惠 4 点早读

惠惠共创读书会创始人，荐书人，心理咨询师，"读书 + 赚钱"理念推广者，爱好读书、写作、分享。

"

不焦虑的人生并不是一蹴而就的,
它需要我们不断地努力和实践。

大多数人用生命中大多数的时间在赚钱,
却忽略了去规划一个真正值得拥有的生命。

焦虑就像一场感冒,每个人都会有。

"

好书推荐:《掌控人生》刘峰 / 著

推荐人:刘峰
职业培训师、国家金牌导游、第十届当当影响力作家,多本畅销书作者。

> 如果你总是望着对面山上的风景,却不舍得下山,
> 那么你永远也到达不了更高的地方,看不到更壮阔的风景。
>
> 当你跟市场进行交易的成本比打工低,
> 直接收益却比打工高时,
> 就可以去选择让你最有热情的赛道。
>
> 当你追求的是价值,是你的初心和梦想,
> 是那个热情洋溢的自己,财富就会来到你身边。

好书推荐:《热爱的力量》李海峰、陈婉莹 / 主编

推荐人: 陈婉莹

北京大学硕士,千万级私域操盘手,多本畅销书作者,第十届当当影响力作家,《中国培训》封面人物。

你的生活质量取决于你做出的决定的质量。

如果你对自己的认知或者自己擅长的事过于自豪,
你学到的东西就会变少,你会做出糟糕的决定,
无法充分发挥自己的潜力。

每个人都会犯错,
主要区别是成功的人会从错误中学习,
失败的人不会。

好书推荐:《原则(实践版)》[美]瑞·达利欧 / 著

推荐人:悠然 LILY

早·时光读书轻创主理人,线上书房铁粉体系联合创始人,读书 IP 养成系教练,悠然读享社创始人,早起和诵读践行者。

> 让自己变得更好是解决一切问题的关键。
>
> 需求是最好的老师。
>
> 用,才是更好的读。

好书推荐:《一年顶十年》剽悍一只猫 / 著

推荐人:艺能

《写作重塑人生》联合作者,互联网行业行政人事经理,结构化复盘认证教练,终身学习成长者。

> 人生没有"最优解",我们可以在工作中寻路探索。
>
> 你不能创造更多时间,但你可以选择体验更有能量的人生。
>
> 在职业生涯中总会遭遇低谷,
> 我们可以善用工具助力自己从低谷中找到调整的方法,
> 保持对工作的活力与激情。

好书推荐:《设计工作》李海峰、王成 / 主编

推荐人:妍妍
国家二级心理咨询师,因材施教成长规划导师,畅销书《设计工作》联合作者。

> 造成儿童纯洁的心理状态遭受创伤的原因，
> 是由一个处于支配地位的成人对儿童的自发活动的压抑而造成的，往往是与对儿童影响最大的成人，
> 即儿童的母亲有关。
>
> 儿童每一次发脾气都是某种根深蒂固的冲突的外部表现，这种冲突并不能简单地解释成是对不相容的环境的一种防御机制，而应该理解为更高的品质寻求展示的一种表现。
>
> 实际上，正常的儿童是一个智慧早熟、
> 已学会克制自我、平静地生活以及宁可有秩序地工作
> 而不愿无所事事的儿童。

好书推荐：《童年的秘密》[意]玛利亚·蒙台梭利/著

推荐人：贾茜
蒙台梭利家庭教育培训师，畅销书《热爱的力量》联合作者。

实际上，你现在的人生，
正是你迄今为止所接收到的"所有信息"概括之后的结果。

越是能干的职场人，越是话语精炼，
尽量不在语言表达上浪费他人的时间。

请你竭尽全力思考一下，现在的这一瞬间，
如果是生命的最后一刻，你想对对方说些什么。
这便是概括。

好书推荐：《概括力》[日] 山口拓朗 / 著

推荐人：林美美

美美亲子读写会创始人，国际注册亲子教师，《四步八法概括力》原创课程版权人。

> 假如你停止抱怨，做好准备，要停止受头脑的支配，
> 假如你真的敞开自己的心去迎接新的图像，
> 你会发现满足和美好存在于每一个困难当中。
>
> 我们不太习惯听到自己的声音，
> 因为别人的声音实在太嘈杂了，但是当你有种种困惑时，
> 你要明白你的头脑中其实都是别人的声音。
>
> 你如何看待金钱决定了你可以获得多少钱。
> 关于金钱，
> 我们会有哪些常见的无意识信念？
> 当然这些念头没有对或错，
> 重要的是你要看到他们。

好书推荐：《对财富说是》[澳]奥南朵 / 著

推荐人：熊蓉 Sunny
美天悦读创始人，复旦理财规划师，睿职学苑合伙人。

"
我们努力克服自身的短处,却对自己的长处视而不见。

有效地给予,让自己处于传接球的位置。

点亮自己,我们就可以释放出照亮周围人的力量。
"

好书推荐:《财富流》[英] 罗杰·詹姆斯·汉密尔顿/著

推荐人:A 墨妙
退休教师,富足读书会创始人,全网拥有 70 万粉丝本地优质博主。

"
过去和未来几乎是同一件事,
只有外观上的不同,核心事物却永远保持不变。

多数人的思想、感觉、情感的纯净程度,
决定了人类在时间和宇宙中的位置。

领导人周围人群状态的好与坏,
取决于领导人对待他们的方式、领导人要他们做什么,
以及领导人用影响力创造了什么样的心理环境。
"

好书推荐:《遇见阿纳丝塔夏》[俄罗斯] 弗拉狄米尔·米格烈 / 著

推荐人:培芝
致用读书会创始人,优势职业教练。

"
相比于"哪种叙事是正确的",
我更关心"哪种叙事对人有帮助"。

恐惧在敲门,勇气打开门,门外什么都没有。

有一些变化,通过想象就可以发生。
只要思考这样的问题:"如果这么做了,会怎么样"。
"

好书推荐:《5% 的改变》李松蔚 / 著

推荐人:祖维龙
思维与表达培训师,能讲善听喜读书,你身边的提能帮手。

"

一句话引发一个想法，一个想法构成一个计划，
一个计划付诸一次实践。变化缓慢发生，
"现在"就像个懒散的旅人，
在"明日"到来的路上虚掷着光阴。

只要我有架飞机，只要天空还在，我就会继续飞下去。

可能等你过完自己的一生，
到最后却发现了解别人胜过了解你自己。
你学会观察他人，但从不观察自己，
因为你在与孤独苦苦抗争。

"

好书推荐：《夜航西飞》[英] 柏瑞尔·马卡姆 / 著

推荐人：Tracy

施娓，国家二级心理咨询师，心理讲师，阅读疗法践行者。

> 信是一种信念，也是一种信任，
> 不仅对自己要有自信，对他人也要有信任，这叫互信。
> 如果一个人什么都不信，那肯定会一事无成。
>
> 像小朋友手中的镜子，将发散的太阳光聚集成威力无比的
> 光束一样集中精力、集中资金、集中时间，如拳头一般，
> 专打一点。这就是专业化。
>
> 任何事，有因就有果；看到了因，也就知道了果。
> 关键在于我们能不能看到那些藏在各种果中的因。
> 认真地观察，因，总是有蛛丝马迹可寻的。

好书推荐：《心若菩提（增订版）》曹德旺 / 著

推荐人：王春红（慧悦）
阅读爱好者，慧悦读书会创始人。

> 我们的动机也许是爱，但并不代表我们的孩子接收到的也是爱。相反，很多时候，我们认为我们是在爱孩子，而孩子感受到的是控制。
>
> 寻找自己——这是活出充实人生的关键。
> 只有这样，我们养育出的孩子才有能力去过他们的充实人生，而不会继承我们在过去人生中形成的扭曲的情绪模式。这就是觉醒式教养的标志。
>
> 把注意力放在眼前的任务，不仅使我们的孩子，还使我们自己，从结果的压力中释放出来。孩子不再受到事情结果的束缚，他们学会了全力以赴地投入当下是最重要的。从期望到投入，这个简单但影响深远的转变，为我们打开了真正的自由的大门。

好书推荐：《家庭的觉醒》[美] 沙法丽·萨巴瑞 / 著

推荐人：百合
花开约读会创始人，蒲公英家庭教练，青少年全人发展卡牌引导师及授课导师，花开亲子英语伴读营主理人。

> 对"易碎"的包裹来说,最好的情况就是安然无恙;
> 对"牢固"的包裹来说,安然无恙是最好的,
> 这也是保底的结果。因此,"易碎"的反义词是在最糟的情况下还能安然无恙。
>
> 好奇心是具有反脆弱性的,就像上瘾症一样,你越是满足它,这种感觉就越强烈——书籍有一种神秘的传播使命和能力,这一点对于整个房间满是图书的人来说并不陌生。
>
> 玻璃杯是死的东西,活的东西才喜欢波动性。验证你是否活着的最好方式,就是查验你是否喜欢变化。请记住,如果不觉得饥饿,山珍野味也会味同嚼蜡;如果没有辛勤付出,得到的结果将毫无意义;同样,没有经历过伤痛,便不懂得欢乐;没有经历过磨难,信念就不会坚固;被剥夺了个人风险,合乎道德的生活自然也没有意义。

好书推荐:《反脆弱》[美]纳西姆·尼古拉斯·塔勒布/著

推荐人:晓玲

悦读慧图书文化传播工作室创始人,高级阅读指导师,热爱读书,致力于阅读推广。

> 父母是孩子最好的催眠师。要想让孩子改变，父母必须先改变：改变你的教育观念，改变你的行为方式，改变你的语言模式，要从观念、情绪、行为、语言等方面彻底影响孩子。父母只要进步 1%，就能决定孩子 99% 的进步。
>
> 从现在开始，少给孩子一些否定，多给孩子一些肯定；少给孩子一些责怪，多给孩子一些鼓励；少给孩子一些负面暗示，多给孩子一些正面暗示。相信在不久的将来，你一定可以培养出一个优秀的孩子。
>
> 一个人只要对自己的潜力有足够的信心、坚定的信念，那么他的潜能一定会被唤醒，理想一定会实现。

好书推荐：《唤醒内在天才的秘密》李胜杰、林青贤 / 著

推荐人：小黑

坚持星球演讲教练，南昌县阅读演讲协会理事长，南昌青藤阅读演讲俱乐部主席，演说说服力带班教练，播音朗诵主持人。

"

任何一家新创的公司都需要一位有高度承诺的领导者，
一位为了公司而不眠不休、全身心投入的领导者，
一位能把创业的想法、市场和资金
完美结合到一起的领导者。

壮年期的公司就像一个实现了自我的人，
它们知道自己是谁，不是谁，也知道自己未来想做什么。

如果公司中的创业精神消失，
公司满足顾客不断变化的需求的能力也将受到影响。

"

好书推荐：《企业生命周期》伊查克·爱迪思 / 著

推荐人：曲志鑫
心智读书会创始人，企业高管，ICF 埃里克森认证教练。

> 如果你不能按照想要的样子去活,
> 那么总有一天你会按照活的样子去想。
>
> 听众思维：听众不会在乎你讲了什么,
> 他们只在乎你讲的内容和他们有什么关系。
>
> 新意：你讲的观点要么能打开听众未知的领域,
> 要么能颠覆他们原有的认知。

好书推荐：《成为讲书人》赵冰 / 著

推荐人：彩云

安心读书会创始人及讲书人（高级），帆书可复制的沟通力授权讲师兼金牌教练，洋葱阅读授权讲师。

> 我希望，当我亲爱的读者在阅读本书的时候，
> 他们能够比我经历更少由挣扎带来的苦痛，
> 拥有更多幸免于难的欣喜。
>
> 追求自己想要的东西：
> 没有绝对的"yes"，
> 但是如果你没有开口，那答案绝对是"no"。
>
> 拥抱七十一岁：
> 让生命中的每一个十年都比上一个十年更好。

好书推荐：《人生由我》[加]梅耶·马斯克 / 著

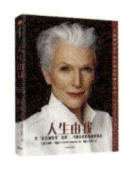

推荐人：张敏
高级工程师，国家二级心理咨询师，家庭教育指导师。

> 我常常说，我要去沙漠走一趟，
> 却没有人当我在说真的。
>
> 夜来了，我点上白蜡烛，看它的眼泪淌成什么形象。
>
> 没有变化的生活，就像织布机上的经纬，
> 一匹一匹的岁月都织出来了，
> 而花色却是一个样子的单调。

好书推荐：《撒哈拉的故事》三毛 / 著

推荐人：陈雪萍

悦见读书会创始人，帆书官方知识教练，平面设计师，社群运营师，曾经的实体书店老板，如今的线上书店老板。

"
可生命是一个特别神奇的存在,
从精子与卵子结合的那一刻开始,
专属于这个生命的特征便已形成,从头发到肤色,
从容貌到体型,从智商到气质类型,
包括声音特点、喜爱偏好都是那么独一无二。

对孩子的情绪,我们要做到全然接纳,
但对孩子情绪状态下的行为,我们就不能一概而论,
对那些必定不能被认同的要求,要温柔而坚定地予以拒绝。

有爱、有度、有自由地陪伴孩子,任何时候都需要。
"

好书推荐:《最爱不过我懂你》伍新春、李国红 / 著

推荐人:小言
小学语文教师,儿童阅读指导师。

> 宇宙中有一种意志在发挥作用，
> 它引导一切事物走向幸福，它促进一切事物不断发展。
>
> 在当下这个瞬间极度认真、极度专注，
> 就是任何方法都无法替代的精神修行。
> 犹如禅僧坐禅一般，当下的心灵会变得纯洁、美好。
>
> 这种类似信仰心的某种信念始终扎根于我的心中，
> 它像可贵的护身符一样，帮助我，守护我的人生。

好书推荐：《心》[日]稻盛和夫 / 著

推荐人：冯心台

《友者生存 2》《私域进账》联合作者，商业品牌故事片导演，拍摄 100 多位明星艺人创意导演。《友者生存 2》《私域进账》联合作者。英国布里斯托大学戏剧系文学硕士，WTW"她力量"艺术匠心女性。

"

如果我们只想让生活发生相对较小的变化，
那么专注于自己的态度和行为即可，
但是实质性的生活变化还是要靠思维的转换。

伤害我们的并非悲惨遭遇本身，
而是我们对于悲惨遭遇的回应。

积极主动的人专注于"影响圈"，
他们专心做自己力所能及的事，
他们的能量是积极的，能够使影响圈不断扩大。

"

好书推荐：《高效能人士的七个习惯》[美]史蒂芬·柯维 / 著

推荐人：赵丽
正面管教导师，高级演讲教练，正面教育读书会，23 年世界 500 强外企中高管，哈佛妈妈，12 年家庭教育培训。

"

痛和痛苦是有区别的。
每个人都会有感到痛的时候,但你不必让自己那么痛苦。
感到痛不是出于你的选择,但你选择了让自己痛苦。

诚实是比同情更有效的良药,
它有抚慰人心的力量,却往往深藏不露。

在刺激和回应之间还留有一些空间,
这个空间允许我们以自己的意志去选择我们的回应方式。
我们所做出的回应包含了我们的成长和自由。

"

好书推荐:《也许你该找个人聊聊》[美]洛莉·戈特利布 / 著

推荐人:程程
国家三级心理咨询师,B613 读书会创始人。

> 如果你很情绪化，不是你不够好，不是你比较糟糕，
> 而是因为从小到大，没有人教会你应该如何处理情绪。
>
> 处理情绪的过程会经历四个阶段：
> 不知不觉，后知后觉，正知正觉，先知先觉。
>
> 每一种疾病都是一组心灵密码，
> 让你有机会重新回到自己的内心，
> 为自己创造想要的，开心的生活。

好书推荐：《情绪掌控力》陈思 / 著

推荐人：陈思

多本畅销书作者，第十届当当影响力作家，国家二级心理咨询师，高级家庭教育指导师。

> 无技能、无经验时转行是艰难的，
> 但转机总是有的，坚持不下去时，就再坚持一下，
> 机会可能就在这"一下"里。
>
> 所有的做不到，都是特定条件下的做不到，
> 都是现在做不到，不代表条件变化时做不到，
> 也不代表将来做不到。
>
> 你选择了一种工作，就选择了一种生活方式，
> 就选择了你将成为的样子。

好书推荐：《这本书能帮你成功转行》安晓辉 / 著

推荐人：安晓辉

职业规划师，多本畅销书作者，第十届当当影响力作家。

> 当你想要某种东西时,
> 整个宇宙会合力助你实现愿望。
>
> 不要忘了万物皆为一物,不要忘了各种预兆的表达方式,
> 不要忘了去完成你的天命。
>
> 他的心在他耳边窃窃私语:"请你注意你流泪的地方,
> 因为那里就是我所在的地方,也是财宝所在的地方。"

好书推荐:《牧羊少年奇幻之旅》[巴西]保罗·柯艾略 / 著

推荐人:佳佳

托尼·博赞思维导图认证管理师,托尼·博赞快速阅读认证管理师,猎豹阅读法版权课程讲师。

"

培养迭代思维。
生活中所有的回报，无论是财富，人际关系，
还是知识，都来自复利。

把自己产品化。

如果难以抉择，那答案就是否定的。

"

好书推荐：《纳瓦尔宝典》[美]埃里克·乔根森 / 著

推荐人：妙所
国家二级心理咨询师，资深财富规划师，已帮助1000多位女性达到家庭和财富双增长，期待和你一起实现富而喜悦的人生！

创业者最重要的力量就在于正视矛盾，
解决矛盾，而不仅仅是发现。

反脆弱的商业结构，
其实就是将失败的成本控制在最低限度，
同时不断放大收益的上限。

如果你的产品或品牌能唤醒他人的情绪，
它就会被大众疯狂传播。

好书推荐：《低风险创业》樊登 / 著

推荐人：睡莲

AI 英语项目联合创始人，原新东方合作原版阅读项目联合创始人，《友者生存 4》联合作者。

> 中国式修炼，简单地说，就是修中脉。
>
> 从身体脏器的互助互动，我们就可以理解人的互助互动，从而理解为什么要感恩，如若没有别人恰到好处的帮助，我们也没有完美的人生。
>
> 我们学习《黄帝内经》，最重要的是
> 要建立起一种思维模式，这种思维模式的要点，
> 就是我们不能只看事物的表面，
> 而是要看到气、神、阴阳、五行这些层面。

好书推荐：《曲黎敏精讲黄帝内经》曲黎敏 / 著

推荐人：周老诗
10 年家庭老师，善用文学育品德，善用中医促身心，善品茶，童趣十足，感恩遇见！

"

林中两路分，一路人迹稀。
我独选此路，境遇乃相异。
选择不同，命运也会不同。

你挣了多少钱并不重要，重要的是你留下了多少钱。

在现实生活中，人们往往是依靠勇气
而不是智慧去取得领先的位置的。

"

好书推荐：《富爸爸穷爸爸》[美] 罗伯特·清崎 / 著

推荐人：王小新

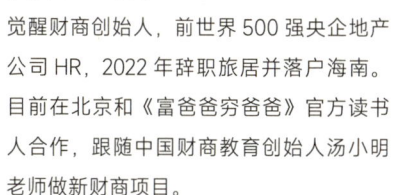

觉醒财商创始人，前世界 500 强央企地产公司 HR，2022 年辞职旅居并落户海南。目前在北京和《富爸爸穷爸爸》官方读书人合作，跟随中国财商教育创始人汤小明老师做新财商项目。

"

妈妈是孩子最好的导读师,
尤其是在孩子的学前阶段和小学低年级阶段。

让家里有书,让书本触手可及,
这是最自然地培养孩子阅读习惯的方式。

没有不爱读书的孩子,只有不会引导孩子阅读的父母。
孩子的早期阅读,就是在玩中学,玩中读。

"

好书推荐:《读出学习力》红英 / 著

推荐人:红英

畅销书《读出学习力》作者,亲子阅读教练,红英读书会创始人。践行亲子阅读 30 年,陪伴孩子从小爱上读书并考上博士。

"
穷则独善其身，达则兼济天下。

知是行之主意，行实知之功夫，
知是行之始，行实知之成；已可理会矣。

圣人为天地立心，为生民立命，
为往圣继绝学，为万世开太平。
"

好书推荐：《五百年来王阳明》郦波 / 著

推荐人：谷聪聪

消防公司职业经理，高级家庭教育指导师，爱好阅读、瑜伽、音乐、旅游。

> 如果我们一开始就帮助母婴建立良好的亲情关系,
> 纵然今后他们的生活截然不同,
> 不管发生什么,他们还会"自然而然"地保持一种相互热爱、
> 关心和保护的关系。
>
> 父亲的积极表现从一开始就能促使孩子很自然地走向独立,
> 这样可以避免他过于依恋母亲,
> 特别当后者是孩子唯一的人际交往对象和快乐之源时。
>
> 我们必须决定改变自己,
> 以便让那些与我们朝夕相处的孩子
> 能够在一个充满生命助力的氛围中茁壮成长。

好书推荐:《理解儿童》[意]西尔瓦那·夸特罗奇·蒙塔纳罗 / 著

推荐人:周华星

和烁家亲子空间创始人,国际蒙台梭利家庭教育指导师,pikler 亲子观察践行者。

团队学习之所以重要,是因为团队,而非个人,
才是现代组织的基本学习单位。
这才是要动真格的地方。除非团队能够学习,
否则组织是不能学习的。

你永远不能说,"我们是个学习型组织",
就好比你也不能说,"我是个开悟之人"。
你越是学习就越能深切地感受到自己的无知。

学习型组织的核心是心灵的转变:
从把自己看成与世界相互分立,转变为与世界相互联系。

好书推荐:《第五项修炼》[美]彼得·圣吉/著

推荐人:王晴雪

百万营收社群操盘手,私域运营顾问,生命成长智慧践行者,《热爱的力量》联合作者。

> 从抓取转向舍弃，仿佛是个重大选择，
> 而实际上我们别无选择。
>
> 我们排斥他人什么，实际上正反映出我们排斥自己什么。
>
> 对自己最好的保护不是让别人痛苦，
> 也不是让自己免受痛苦，
> 这两者都只能使我们更加冷漠和孤立。

好书推荐：《次第花开》希阿荣博堪布 / 著

推荐人：元力
汽车圈中医人，天力非药物疗法创始人。

找到你喜爱的工作,
你会觉得这一生没有一天在工作。

传统的思维方式聚焦于过去,
而正确的思维方式则应聚焦于未来。

100% 的坚持要比 98% 的坚持更容易实现。

好书推荐:《你要如何衡量你的人生》[美]克莱顿·克里斯坦森等 / 著

推荐人:杨丹丹
社群操盘手,热爱读书的双子座。

"

精致的利己主义者，要害在于没有信仰，
没有超越一己私利的大关怀、大悲悯，
没有责任感和承担意识，必然将个人私欲
作为唯一的追求目标。

我们的文化教导我们要宣扬、推销自己，
要掌握成功所需的技能，却几乎从不鼓励我们要谦虚低调、
富有同情心、诚实地面对自我，
而这些恰恰是品格培养所必需的。

一方面，我们才华横溢，
另一方面，我们的缺点也极为明显。

"

好书推荐：《品格之路》[美] 戴维·布鲁克斯 / 著

推荐人：大公举

芒果园读书会创始人，媒体人，专栏作者。

> 人生苦难重重。
>
> 人生是一个不断面对问题并解决问题的过程。
>
> 爱是为了努力促进自己和他人心智成熟，
> 而表现出来的一种勇气。

好书推荐：《少有人走的路》[美] M·斯科特·派克/著

推荐人：张文轩
文轩读书会创始人，《家庭教育指导手册》编委，心理咨询与培训老兵。

> 大人们自己什么也弄不懂,
> 却要孩子们一遍一遍地解释,真够累人的……
>
> 审判自己比审判别人要难得多。
>
> 重要的东西眼睛是看不见的。

好书推荐:《小王子》[法]安托万·圣-埃克苏佩里/著

推荐人: 徐亚丽

因孩子爱上绘本,因绘本爱上阅读,因阅读爱上写作,因写作疗愈自己的妈妈。

> 没有人可以轻易做到临场发挥，
> 所有的临场发挥都是厚积薄发。
>
> 只有感受，人是不会成长的。
>
> 一个人是什么样的人，是由他选择的结果决定的，
> 不是由他的初心决定的。

好书推荐：《把自己当回事儿》杨天真 / 著

推荐人：谭锦霞
14 年银行从业者，金融理财师，高级礼仪培训师。

> 打破发展瓶颈的方法，不是向外求机会，
> 而是向内升级自己。
>
> 占有是本能，而放弃则需要智慧。
>
> 人生不是由选择决定的，
> 而是由选择后的行动决定的。

好书推荐：《人生拐角》赵昂 / 著

推荐人：黄露

助人为喜的生涯发展咨询师，心理学爱好者，会玩魔方、熟记圆周率 200 位的医药人，爱学习、爱旅行、爱生活的终身成长者。

心是愿望，神是境界，
是文化、阅历和天赋的融会。

强势文化就是遵循事物规律的文化，
弱势文化就是依赖强者的道德期望破格获取的文化，
也是期望救主的文化。

生存法则很简单，就是忍人所不忍，能人所不能。
忍是一条线，能是一条线，
两者的间距就是生存机会。

好书推荐：《遥远的救世主》豆豆/著

推荐人：贺文华
深耕教育和媒体 10 余年，也读书笔耕，喜做背包客，好用脚丈量山高水长。

你的伴侣不是你的爱与幸福的来源。

你的伴侣将会依所需而扮演这三种角色之一：
一面镜子，让你看见引发你关注的不舒服感；
一名老师，在你探寻真实自我的时候，激励与启发你；
一名"玩伴"，开启并陪伴你一段生命的旅程。

放了手，就能得到自由，
让自己在智慧和成熟中成长。

好书推荐：《亲密关系》[加] 克里斯多福·孟 / 著

推荐人：刘丽萍
天悦幸福读书会创始人，天悦幸福社群创始人，15 年幸福力提升陪跑教练。

> 人们会把情绪和平静混为一谈,
> 情绪是一种自负,自负会将人生经验
> 铸成自己认定的唯一现实。
>
> 爱因斯坦曾说:创造力就是智慧在找乐子。
>
> 爱是团结所有生命的普遍性力量。

好书推荐:《心流学习法》[美]约瑟夫·克奈尔 / 著

推荐人:**索倩**

用英语撬动你的名校计划,英语机构创始人,国家二级心理咨询师,市妇联家庭教育心理学三八红旗手,河南大学创业导师,倩姐读书会创始人。

务要日日知非，日日改过。

过于厚者常获福，过于薄者常近祸。

每见寒士将达，必有一段谦光可掬。

好书推荐：《了凡四训（详解版）》[明] 袁了凡 / 著

Kevin 凯文
书香品读 - 陆家嘴读书会创始人，IT 创新人，
上海艺术工作室 - 艺美书香主理人。

"
爱文科，爱文学的本质，就是爱"人"、爱生命。
一个爱"人"的认真生活的人，终会重逢他的梦想。

生活有其自身的逻辑，那些不经意间播下的种子，
那些没有企图的浇灌，说不准在什么时候
会有一阵春风拂过就出土了。

我们不该忘记自己走过的路，同情过的人，呼唤过的正义，
渴求过的尊重，是这些东西构成了我们深植于
生活世界的共通意义的根基。
"

好书推荐：《陈行甲人生笔记》陈行甲 / 著

推荐人：刘晓丽
职场打工人一枚。

生命总是为你提供对你意识的进化最有帮助的经验。

当你知道你在做梦的时候,你就在梦中清醒了,
另外一个向度的意识进来了。

所有丰盛的源头都不在你之外。
它就是你真实身份的一部分。

好书推荐:《新世界》[德] 艾克哈特·托尔 / 著

李芳夷

源启来智慧家庭研习社社长,行知一家读书会创始人,陈氏太极拳传播者。